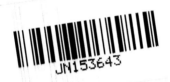

月と太陽、星のリズムで暮らす

薬草魔女のレシピ365日

ハーバル・クリエイター
瀧口律子

BAB JAPAN

はじめに——薬草のある暮らし

仕事でも家庭でも、次にやるべきことが待っていて、常に追われているような気分。ふと「あーあ、何かいいことないかな」そんなふうに感じたことがあるのではないでしょうか。今と別の場所に、別の希望があるような気がするのです。もちろん心の中では、そんな場所はないとわかっていても。

私が見つけた解決法をお教えします。今いる場所で、もっと幸せになるには、魔女になること。突拍子もないと思いましたか？　でも、ちょっと興味がわいたのではないでしょうか。

太陽や月やハーブを愛する魔女は、毎日が宝探しのようなものです。朝日がガラス越しに作る虹や満月が映す自分と猫の影。プランターの隅に見つけたカモミールの小さな芽。自然の神様が与えてくれる小さな感動を見つけて、心の中にある宝箱をいっぱいにしていける暮らしです。

童話などから知る魔女に対するイメージは、あまり良いものではないかもしれません。魔法を使って白雪姫に毒りんごを食べさせる魔女、ラプンツェルを高い塔に閉じ込める魔女。しかし、中世の頃に魔女と呼ばれた人たちは、自然の力を信じ、崇拝し、信仰していた人たちで、古代から伝わる知識を持ち、薬草を使うことに長けたコミュニティーの癒し手でした。現在も存在する魔女のグループは、平和的に瞑想や様々な修行などを行っています。

私はイギリスのハーバリストの元にホームステイした時に知った、植物の不思議な力や宇宙のもたらす影響に魅了され、様々な文献を読み、自分なりに実践してきました。

春が来れば自然を求めて外に出て、食べられるハーブを摘んでサラダを作り、夏至には、香り高いキャンドルを手作りして太陽に捧げ、秋には、育てたハーブを収穫し冬のための準備をし、寒い冬には緑のリースで魔を祓う。新たな始まりの日である新月には、心と体を浄め、満月には、乱れる心を静めるお香を焚く。昨日と同じ日なんてないのだと、実感する暮らしが見つかりました。

今では、太陽や月の動き、日本的な八百万の自然の神を信じ、現代的な生活で失ってしまった大切なものを、ハーブの力を借りて取り戻していこうとしています。言わば現代日本の魔女でしょう。現代日本の魔女になるためには、呪文を唱えることも、魔法の杖を振るうことも、箒に乗ることも必要ありません。ただ、自然の営みに謙虚に意識を向け、その恩恵を受けながら生活を変えていくことができればいいのです。

大都市に住み、身近に緑もなく、自然な暮らしは無理だと諦めている人もいるかもしれません。

マンションの共有スペースやいつも歩く通りの街路樹。カフェの前に置かれた鉢植えの植物。よく見れば、沢山の自然に囲まれていませんか。春の爽やかな風、冬のやわらかな日差し。夕暮れの空に浮かぶ三日月と金星、影のできるほど明るい満月の光。それだって、自分を取り巻く大いなる自然です。その自然の中から、隠された宝物を見つけるのです。現代の魔女に修業は必要ありませんが、まずは、太陽や月や地球がくれる季節の移り変わりや、見えないけれど起こっている影響などに興味を持ってください。そこには、別のどこかはなく、今の暮らしが変わるヒントがあるはずです。

今、地球は危険な状況に向かっています。温暖化が進み、絶滅の危機にある生物が増えています。近年ニュースに取り上げられている、気候変動や環境破壊で進んでしまった珊瑚の白化は、遠い南の島の出来事ではなく、この先私たちの暮らしを脅かすことにもなりかねません。

人間は、ある時から何かを見失い、地球を無限の源のように扱い、奪ってきました。でも、もうそんな時代も終わり。変わらなければ未来が失われます。都会に住んでいても、自然豊かな場所に住んでいても、同じ意識を持ち、誰かがやってくれるのを待つのではなく、自分から始めてください。

魔女は、受け取る喜びのお返しに、地球のために行動する人、無理をせずに続けていける、自然を守り育てる暮らしができる人です。一人でも多くの薬草魔女が増えて、大いなる自然、地球が守られることを強く願っています。

第1章 太陽のリズムで毎日を輝かせる

CONTENTS

CONTENTS

第7章　薬草一覧

第1章

太陽のリズムで毎日を輝かせる

Sun

四季を楽しむ

日が昇り、日が沈む。冬が来て春が来る。

私たちは、太陽によって作られたリズムの中で生きています。夜になれば眠り、朝が来れば目覚める。

春になると種を蒔き、秋になれば収穫をする。それが本来の姿なのです。

それは、現代的な生活で失われてしまったように思える生き方ですが、今の私たちなりに実践することは可能です。

季節の移り変わりは、地球の地軸が傾いた状態で太陽の周りを1年かけて回ることで起こる変化です。北半球と南半球では、日照時間の差が生まれ、1年の中で季節の違いが生まれます。

この太陽がもたらす四季の移り変わりを体系づけたのが「二十四節気《にじゅうしせっき》」です。

これは立春を始まりとして、四季をそれぞれ６つに分けて細かく季節を分けたもの。もともと日本には、農耕に重要な意味を持つ春と秋の２つの季節の概念しかありませんでした。

そこに中国から進んだ暦が入ってきたことで、日本でも季節が細分化されました。二十四の各節気はおよそ15日間隔。月に2回、季節が変化していくため、播種や収穫など農業を行う上で大切な目安となっていました。

　節目ごとに行われる行事には、魔を祓い健康や長寿を願うための、食べ物や健康法が伝えられています。この二十四節気をベースにすれば、日本の風土に合った形で太陽のリズムを意識した暮らし方ができるでしょう。

二十四節気

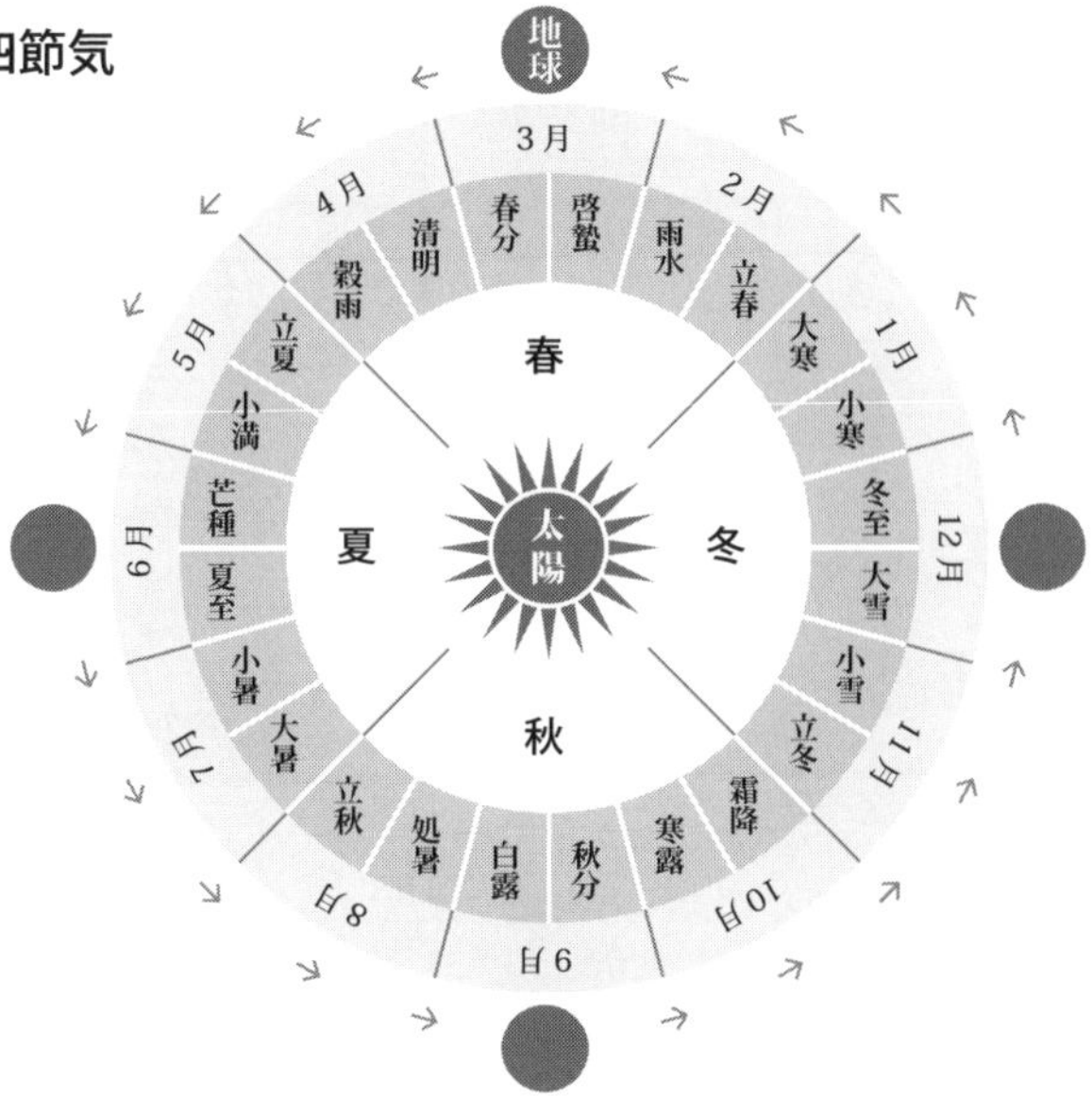

また、昔の西洋の魔女たちの生き方もお手本になります。魔女たちは、季節の節目ごとに儀式をしていました。年に8回の祝祭は、大いなる自然や神に祈りを捧げ、そこで受けた知恵を人々に橋渡しする儀式だったと考えられています。海外から入ってきた行事には、一見ただのお祭り騒ぎに思えるようなものでも、きちんとした意味があります。例えば、ハロウィンは、亡くなった先祖が戻ってくるケルトの大晦日での行事でした。

固い皮を調理するのが嫌で、普段生のカボチャは使わないと言った人がいました。例外は、ハロウィンと冬至。毎年この2日間は、カボチャを暮らしに取り入れているのだそうです。完全を目指すと疲れますが、自分なりのルールで季節感のある暮らしをすることは可能です。国や文化、時代は関係なく、1日1日を健やかで愛すべきものにしていくことができるのです。

時間には限りがあります。それは誰もが知っている、変えられない事実。それなのに、人生の大半は脇目もふらずに働き、年に数回の休暇や旅行だけが楽しみなのだとしたら、もったいないと思いませんか。

ハレとケ。昔から、お祭りやお祝い事などのハレの日と、日常であるケの日が区別されてきました。しかしながら、ケの日であっても、毎年春先に目にする渡り鳥や、秋の金木犀の香りなど、日々、自分の目の前で起こる自然の変化を楽しむことができます。季節の移り変わりを感じ取ることで、毎日たくさんの喜びが発見できるようになるでしょう。

　自然の変化を感じて、自然と調和する暮らし方で、当たり前の日常が変わり、ハレとケが同じだけ大切なものになるはずです。

～春　膨らんでいく季節～

木の芽や花の蕾がぷっくりと張って膨らんでいく季節。「張る」が春の語源であるという説も納得できる、目に見える春の気配です。

人の体も同じで、冬の間に縮こまっていたエネルギーや溜め込んでいた不要物が外に出ようとする頃です。芽や蕾は、開くことで外にエネルギーを放出できますが、人間はそう簡単にはいきません。新陳代謝が活発になる時期に、上手に放出するための方法をこの項ではご紹介します。

前半は、気温と同じく体調管理も一進一退。春とは言っても、まだまだ寒い時期。冬の続きであることを忘れずに。薬草を愛する魔女にとっては、癒しの植物たちがあちこちに姿を現す、忙しい季節の始まりです。その恩恵にあずかるためには、感覚を研ぎ澄まし、それを補うように、目と手と足を動かして、自然の動きを感知してください。春の息吹を感じ、外へ外へと広がる季節です。

節分　立春の前日

節を分ける立春・立夏・立秋・立冬の前日が節分です。現在では、立春前の節分が恒例行事として残っています。本来は冬の終わりに区分されますが、立春とセットになる行事です。季節の変わり目には、悪いものが入ってきやすいとされ、それを祓うのが節分の行事です。

豆まきや鰯《いわし》を頭にした柊を戸口に飾ります。魔《ま》を滅《めっ》するのが豆まき。鬼は東洋思想の陰陽の陰を表し、陰の強い冬から陽に向かう春に変わる時に、陰の魔を滅するという意味があるようです。

柊《ひいらぎ》は、チクチクした棘の力で魔を祓う力のある植物です。柊と同じく、つやつやした葉で魔除け効果が高い樹木に、月桂樹があります。古代から、神聖で邪悪なものから守ってくれる力があるとされており、ローマ人たちは、新年の幸運を祈って月桂樹の枝を交換していたそうです。旧暦では立春を新年としていました。月桂樹で、新たな春の幸運を祈りましょう。

月桂樹風呂

春に向かって剪定を兼ねて落とした枝は、洗って節分の魔除けの薬湯に。神経痛やリウマチの痛みを軽減させ、冷え性の改善が期待できます。リースにして乾燥すれば、その都度、必要な分だけ取って料理に使用可能。

立春　春の始まり

禅寺では、左右対称の「立春大吉」と書いて掲げる日。近所の神社やお寺にお詣りに行って、新しい春の始まりに感謝しましょう。

朝一番にキッチンで汲んだ若水で福茶を淹れます。本来の福茶は、緑茶に梅と昆布を加えたものですが、風邪の原因と言われる風《ふう》の邪《じゃ》が入りやすい時期なので、ハーブを加えて温まります。福薬草茶に使用するエルダーは、エジプト文明のことから民間薬として利用されていて「田舎の薬箱」として、万病の治療に用いられ親しまれてきました。現在では、花粉症のブレンドの必需品でもあります。発汗利尿作用があり、風邪の初期にも用いられます。エルダーは、魔法使いの杖の材料になる、魔力の強い木として伝えられています。

立春の福薬草茶

エルダー、ネトル、ダンデライオンを各ティースプーン１／３ずつブレンドし、立春の朝一番に汲んだ若水２００㎖を沸かし、ハーブティーを淹れる。ネトルは血を強くする効果が、ダンデライオンには解毒効果が期待できる。

雨水

雪の季節から雨の季節に。寒さは続きますが、日がだんだんと伸びてくるのを感じます。

北欧では、イースター（復活祭。キリストの復活を祝う）前に断食をする習慣がありました。断食の前日には、断食を無事に乗り切れるようにと、セムラという栄養たっぷりのパンを食べていました。セムラには、通常カルダモン入れて焼いたパンを使います。今でも、暗く寒い北欧の冬を過ごす人たちの心を明るくさせる、春を告げる伝統のメニューとして愛されています。カルダモンは、その香り高さからスパイスの女王と呼ばれ、アラブ諸国ではコーヒーの風味付けに、北欧ではお菓子やパンに利用されています。

カルダモン入り簡単セムラ

ブリオッシュのような丸く小ぶりなパンの上の部分を切り取る（蓋にする）。本体の部分は中央を少しくり抜き、アーモンドクリーム（アーモンドプードル、バター、卵、砂糖を混ぜて作ったもの。市販のものでも可）を詰めて、カルダモンパウダーを振る。泡立てた生クリームを上に絞り、蓋用にとっておいたパンをのせる。

桃の節句

お雛様を飾り、女の子の健やかな成長を願う行事。もともとは、三月最初の巳《み》の日に行われていた、心身を祓い清める行事でした。巳《へび》が脱皮するがごとく、生まれ変わり再生することを願います。桃の節句と呼ばれる由来も、邪気を祓い生命力のある桃を飾るようになったからと伝えられています。お雛様を飾らずとも、桃の花を飾って祝いましょう。

雛あられや菱餅の赤・白・緑は、それぞれ、厄除け・清らかさ・健康を意味しますので、欠かせません。

長く夫婦が添い遂げることを願って食べる蛤《はまぐり》には、この時期にぴったりの肝機能の強化や眼の疲れに効果が期待できます。

桃花酒《とうかしゅ》（刻んだ桃の花を浮かべた酒）は、長寿を願う縁起の良いお酒です。

桃花酒《とうかしゅ》

桃の花びらは傷つけないように丁寧に洗い、グラスに注いだ日本酒か白ワインに2〜3枚浮かべる。イライラが出やすい春先の時期は、アルコールを目で楽しみながらリラックスして、いつもより控えめに飲むと良い。

啓蟄《けいちつ》

花粉症の人には辛い季節。

鼻水やくしゃみには、肩甲骨の間のカイロが効果的です。風邪の鼻水や冷えにも同じです。元気な人は、植物の観察に出掛ける時期。ヨモギの新芽が見つけられるはずです。古くから万能薬として日本人を癒してきた植物の代表格。生薬名は艾葉《がいよう》。灰汁《あく》が強いため、通常は灰汁抜きが必要になりますが、この時期の新芽はその必要がありません。至る所で見つけることができますが、除草剤や薬剤の心配のある場所、個人の家や公園などでは採取しないようにしましょう。夏に近付き、葉が固くなってくると灰汁が強くなるので、先端部の新芽以外は生食せずに灰汁抜きしてから使用します。

ヨモギの収穫と乾燥

ヨモギの新芽は土と埃を落とし、軽く洗う。量が多い場合は、少しずつ束ねて日の当たらない風通しの良い場所へ吊るす。量が少ない場合は、洗ってから新聞紙にくるみ、冷蔵庫の上にのせて乾燥。頭痛、暑気あたり、冷え対策のお茶に。入浴用なら、あせも、冷え性、神経痛の時に。

春分

太陽がちょうど真東から昇ってくる日。例年3月21日頃。ご来光を拝んで真東を知ることができます。春分の日は昼と夜の長さがほぼ同じで、この日から昼の時間が長くなり太陽の力が増していきます。

春の陽気にほっとする反面、イライラしがちな季節でもありますので、いつもより植物や自然に触れてください。

庭木として人気のミモザが黄色い花を咲かせる頃です。精油になると強く香りますが、生でほのかな香りを楽しめます。精油は抗鬱作用が期待できますが、生花を目で見るだけでも心が晴れます。花をリースにして、長い期間ドライフラワーで楽しみましょう。

ミモザリース

蔓《つる》のリースベースに、ひっかかりとなるワイヤーを２㎝間隔で１周巻き付ける。切ったミモザの枝を差し込んでいく。ボリューム多めに差し込んでおかないと、乾燥した時に隙間が空いてしまう。月桂樹やオリーブなど、他のグリーンを合わせても楽しめる。細かく取れてしまった花は、乾燥させれば、ドライポプリとして利用できる。

清明

新学期が始まる頃で、晴れ渡った清らかな空、大地には花が咲き誇る季節。あらゆる生き物が生命を輝かせています。足元に目をやれば、自然の恵みが溢れているはず。

薬草探しに出掛けましょう。この頃の西洋タンポポは、クセもなく生で食べられます。ハーブ名はダンデライオン、生薬名は蒲公英《ほこうえい》。ビタミンや鉄分が多く、古くから葉は強壮に使われています。庭の邪魔ものにしないで大切に育てるか、除草剤や農薬の心配のない安全な場所で採るようにしましょう。

野草サラダ

タンポポの葉と花、ヨモギの新芽を摘み、泥を落とし、ベビーリーフとともに洗う。葉類を塩、こしょう、酢、オリーブオイルで和え、花びらを上に散らす。タンポポは、全草が利用でき、根は炒って、お茶やコーヒーに。上部は、てんぷらや和え物、味噌汁などにも使える。

穀雨《こくう》

春の雨が降り、これ以降の天気が安定する頃。

田んぼの準備を始める目安となります。穀雨の終わりが八十八夜。春の間に木の気を集めた茶葉を摘みます。

米と茶は、日本人にとって大切な作物の節目。八と十と八は組み合わせると米の文字に。農事にとって重要な暦の一つです。

冬服ともお別れし、心も体も軽やかに活動を始めたい頃ですが、紫外線が気になり始めます。美白化粧品に使われる成分アルブチンを含むユキノシタ化粧水を作りましょう。ユキノシタの生葉は、てんぷらにしても美味です。

ユキノシタ化粧水

ユキノシタは、葉の裏についた泥などをきれいに洗いしっかり乾かす。消毒した瓶に入れ、日本酒をユキノシタが隠れるまで注いだら、蓋をして振り、冷暗所に2週間置いてから濾す。パッチテストをして問題がなければ、そのまま化粧水として使用できる。
※パッチテストは、作った化粧水を二の腕の内側に少量塗り、24時間様子をみて、腫れや赤味が出ないかを試す。

春の土用

立夏の前日までの約18日間。新年度で張っていた気が、ＧＷの生活のリズムの変化で、心のバランスの乱れ、疲れにつながりやすい時期です。気の巡りを良くするためにも、香りのあるものを生活に取り入れてください。

この時期は、勢いよく伸びるハーブが収穫できます。庭やベランダで、好みのハーブを育てれば、好きな時にフレッシュハーブティーを飲むことができます。ドライになると香りが落ちてしまうレモンバームはティー用に自分で育てたいものの一つです。レモンバームは、「メリッサ（蜜蜂）」の別名を持つ蜜源植物で、古くは「生命のエリキシル」（錬金術における不老不死の霊薬）と言われるほど、長寿に欠かせないハーブとされていました。

春の気温の上下やストレスを感じやすい春土用に用いることで、心身を落ち着かせる作用が期待できます。

レモンバームティー

収穫したレモンバームを、葉の裏の精油成分を洗い流してしまわないように注意して洗う。５㎝の枝３本に２００㎖のお湯を注ぎ、蓋をして1分でティーに。
濃く抽出して蜂蜜とレモンを加えたものをゼリーにすると、爽やかなデザートになる。

～夏　風が撫でる季節～

旧暦の夏は、現在のカレンダーだと衣替えよりも前に始まります。日差しが強くなり、昼の時間がぐんぐんと伸びていく頃です。夏は、「撫づ」を語源とする説があり、文字通り緑の風が頬を撫でる季節。植物が太陽のエネルギーを受けてぐんぐん育ち、爽やかで過ごしやすい季節が過ぎると、梅雨に入ります。湿気や、梅雨寒と呼ばれる冷える日もあり、体調管理に注意が必要です。梅雨に体調を崩すと、後で暑さと湿気による食欲不振や夏バテを招きやすくなります。普段から食事で養生してください。馴染みのある和ハーブが夏の体を癒してくれるはずです。

ベルテーン

４月最終日に、太陽の神が牡鹿の姿になり帰還することを祝う、ヴァルプルギスの夜という魔女の儀式があります。この翌日はメイデーで、植物の生長が始まり、生命溢れる緑を森に摘みに行く日です。この２日間のベルテーンの祝祭は、太陽の力や植物の命の輝きを祝います。

ヨーロッパでは、メイデーにスイートウッドラフを白ワインに漬け込んだドリンクを飲む風習があります。あまり馴染みのないハーブかもしれませんが、日本にも自生するヤエムグラの仲間です。スイートウッドラフの和名は車葉草《くるまばそう》で、小さな可愛らしい白花を咲かせます。多量摂取は麻痺や昏睡を起こすため厳禁で、１日の上限は15ｇです。

メイボール

乾燥スイートウッドラフ３ｇを、ワインボトルに入れ２時間ほど置く。生のままだとクマリン（甘い香りの芳香成分）が出ない。ワインに香りが移れば良い。ウッドラフが手に入らない場合は、同じくクマリンを含む桜の塩漬けを、塩抜きして代用も可能。

立夏

子供の日の頃。端午の節句は、男の子の成長を願う日です。古くは薬草を採りに野に出る日で、摘んできた菖蒲《しょうぶ》やヨモギなどの薬草で邪気を祓っていました。早起きして、身近な新緑を探しに出掛けましょう。

端午の節句の室礼には、季節の花のサツキを紅白で飾ります。粽《ちまき》や柏餅を食べるのも縁起が良く、欠かせません。薬湯に使う菖蒲に含まれる香り成分のアザロンやオイゲノールには、血行促進作用やリラックス効果があり、日頃から用いたい薬草です。

菖蒲湯

菖蒲の葉は、そのままか、細かく刻んで洗濯用の袋に入れる。香りを出すためには菖蒲を入れてから、湯を張る。

小満《しょうまん》

5月の下旬から6月の初旬で草木などが生長して生い茂る頃。緑の眩しい季節。もともと緑は自然エネルギーの強い色とされています。木々の放つフィトンチッド（樹木が発散する爽やかな芳香成分）を吸収しに、森や山に出掛けましょう。

イギリスでは、「長生きしたければ、5月にセージを食べなさい」ということわざがあります。健康・安全を意味する「サルビア」属は、古くから強い魔力が生命力を与えると考えられていました。庭にコモンセージが植えてある人は、この時期忘れずに食べましょう。やわらかな葉が健康を助けてくれるはずです。

セージのリース

収穫したコモンセージの葉を少しずつ束にして、リースベースに麻ひもで結びつけていく。リースとして飾りながら、乾燥したものを料理やティーに使用。生のセージは、てんぷらに。油との相性が良く、溶かしたバターに香りを移して料理に使う。

芒種《ぼうしゅ》

昔は穀物の種蒔きの時期。田植えの頃です。6月の中旬あたりで、梅の実が出回り始めます。自家製梅干しはこの時期に作り始めましょう。雨の恵みで植物もぐんぐん育ちますが、春の風に揺らいでいたジャーマンカモミールは終わりに近づきます。大地のリンゴと呼ばれ、甘い香りの漂うこのハーブは、5～6月頃にかけて次々と小さな花を咲かせます。花部だけを切り取り、乾燥させておきましょう。フレッシュカモミールティーで健やかな心と体を整えて梅雨を迎えられます。

カモミールの収穫と乾燥

乾燥用に収穫する場合、午前中に花部だけを刈り取る。花びらが落ちやすいので、そっと洗ってアブラムシや汚れを落とし、ザルや紙の上で乾燥させる。ジャーマンカモミールは1年草なので、翌年も咲かせたい場合は、花後の小さな種を落とす。秋には、芽が出てくる。

夏至

北半球では、1年で最も昼が長い日です。太陽の力が最も強い日であり、植物の力も強力になるとされ、魔女は薬草摘みに出掛け、太陽を讃える火祭りで、その薬草をいぶしたと言われます。ヨモギ、カレンデュラ、セントジョーンズワートは夏至の聖なる植物で、これらを玄関に下げることで魔除けにしました。日本では梅雨時なので、収穫したものがカビないように注意が必要です。

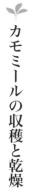

1年で最も短い夜は、電気を消してキャンドルナイトを。ハゼや大豆など植物から作られるキャンドルが、環境問題について考える夜にふさわしいでしょう。

大豆ワックスのキャンドル

大豆ワックスは、きれいに洗った牛乳パックに入れ湯煎して溶かす。耐熱グラスにキャンドル芯を据え（割っていない割りばしに芯を挟み、グラス中央に渡す）、溶けた大豆ワックスを流して固める。グラスに注ぐ前に、好みの精油を加えればアロマキャンドルに。

小暑《しょうしょ》

蓮の花が咲く頃です。7月の中旬は、気候も体も本格的な夏に切り替わっていきます。七夕の短冊は、6日の夜に飾り、7日に川や海に流します。梅雨の雨に濡れても、縁起が良いと考えましょう。この時期、ラベンダーが咲き、香りに誘われて蜜蜂たちが群がる時期です。蜜蜂がいるそばでは、農薬などは使用しないでください。人間にとって、大切な生き物です。生のラベンダーが手に入ったら、クラフトで香りを閉じ込めます。枕元に置けば、寝苦しい時期に、ラベンダーの香りが安眠を誘うでしょう。

ラベンダーバンドルズ

奇数本のラベンダーの花の下を、1・5mほどのリボンで片方が30㎝程度になるようにしてぎゅっと結ぶ。結んだ根元から茎をそっと折り曲げ、花穂を包むようにしていく。茎に、長いほうのリボンを交互にかけ、花穂が隠れるまで編み込んだら残りのリボンで結ぶ。

大暑《たいしょ》

最も暑い頃とされますが、実際にはこの後からが本格的な暑さになります。夏休みの始まる時期で、蝉の声や入道雲が夏の気分を盛り上げます。エアコンに頼らず、朝晩は風通しや、打ち水で涼をとる工夫をしましょう。

ドクダミは十の薬効があるため、十薬《じゅうやく》と呼ばれますが実際にはもっと有用な薬草です。独特な匂いは、乾燥すれば気にならなくなります。白い花が咲く梅雨からこの頃にかけて、収穫します。お茶用に収穫したいオオバコは、庭の厄介者のように扱われていますが、ハーブ名はプランテーン、生薬名は車前草《しゃぜんそう》。咳止めや利尿に使われています。

ドクダミとオオバコの収穫と乾燥

泥を落とし、洗って陰干しする。乾燥してから、2〜3㎝に切って保存する。煎じて飲んだり、薬湯に使用できる。ドクダミの薬湯は、冬場の冷えに。どちらも生でやわらかい葉は、てんぷらなどにして食用可。

夏の土用

7月の下旬。夏バテ予防にウナギを食べるのが有名ですが、丑《うし》の日には、うどん、うり、梅干しなど「う」のつく食べ物を食べるしきたりも残っています。むくみが出やすいので、利尿効果の高いキュウリや冬瓜など、ウリ科のものを積極的に食べましょう。

塩漬けにして酢が上がってきた梅を干す、土用干しの時期。梅干しは、強い殺菌作用や疲労回復が期待できる伝統食。古くから民間療法に多く用いられています。熟してきた梅で、梅酒の仕込みも忘れずにします。夏風邪や梅雨の落ち込みによる胃の不調、食欲不振には、梅醤番茶を飲みましょう。

梅醤番茶

梅干し1個は種を取って刻み、醤油ティースプーン1杯と一緒にカップに入れ、熱々の番茶を注ぐ。生姜の絞り汁を加えても良い。1年を通して、体調の優れない時に飲用する。空腹時が効果的。

～秋　空いていく季節～

実りの季節の始まり。空高く、澄んだ空気が広がります。

秋前半は、薬草の収穫に大忙しの時期。そして、冬に備えた保存食作りや植物の乾燥が大詰めです。また、寒い季節に活躍するチンキの仕込みも始めます。だんだんと、寒さと乾燥で体が硬くなりがちです。意識的に手足を大きく動かしましょう。とはいえ、最近では、まだこの頃は残暑の厳しい日も増えて、疲労が溜まりやすい時期ですから、無理をせず食事やハーブティーでケアしましょう。

後半は、風流な伝統行事が待っています。赤や黄色に染まっていく日本の秋を満喫してください。

ルーナサ（ケルトの収穫祭）

穀物の収穫の始まりとより多くの実りを神に祈り、祝う日です。キリスト教では、最初に収穫した小麦で作ったパンを神に捧げるパンの祝祭です。

パンに合う、ローゼル（ハイビスカス）の鮮やかな赤い色で染めたハーブワインで乾杯を。ハーブティーにも使用される食用のハイビスカスは、南国に咲く観賞用に改良されたものとは異なります。酸味はビタミンCやクエン酸によるもので、汗をかいてミネラルを失いやすい酷暑の時期におすすめです。ローゼルをつけた赤い酢は、ドリンクビネガーとしても。

ローゼルワイン

白ワイン1瓶に、大さじ1程度のローゼルを入れて1時間ほど置くと、ほのかに赤く色づいた白ワインになる。

立秋

秋の始まり。ちょうどお盆のあたりで、まだまだ暑くても、暦の上ではこの日を境に秋になります。

旧暦の8月2日は、二日灸と呼ばれ、お灸がいつもの2倍の効果をもたらし、その後半年の無病を叶える日とされています。半年後の2月2日も二日灸です。夏バテ気味の体に、お灸でケアをしましょう。

夏に勢いよく育つ紫蘇やスイートバジルは、収穫と保存を始める時期。香り高い生のハーブは、自家製ハーブソルトにしても良いでしょう。紫蘇の固くなった茎葉は、乾燥して薬湯用に保存します。

フレッシュハーブソルト

収穫したバジルの葉はきれいに洗い、優しく水気を拭く。すり鉢に、葉と塩を入れ、きれいな緑色になるまで擂りこぎで擦る。長期保存の場合は、冷凍庫に。紫蘇、コモンセージ、ローズマリーなど好みのハーブで同様に作れる。

処暑《しょしょ》

萩《はぎ》の花が咲き始め、秋の気配がしてきます。台風シーズンの到来に備えて、庭やベランダの植物が倒れないように準備します。ディルやフェンネルなどで大きく育ったものは、棒や紐などで補強しましょう。種がついていたら、台風の来る前に収穫しておきます。ディルは

1年草なので、秋分の頃に蒔きます。冬に活躍するサフランを植えるのはこの頃。夏野菜のピクルスは、ディルの生葉があるうちに作って保存しておきましょう。

夏野菜のピクルス

酢1カップ、白ワイン1/2カップ、砂糖大さじ1、塩小さじ1、月桂樹1枚を火にかけて、煮立ったら弱火で5分加熱。きゅうりやプチトマトなど、切った野菜と生のディルの上に、ピクルス液をかけ、熱湯消毒した瓶に入れて保存する。長期保存には脱気を。

※脱気の仕方：瓶の首のあたりまで野菜とピクルス液を入れる。蓋をゆるく閉め、鍋に入れ瓶の肩あたりまで水を注ぐ。水から（お湯に入れると瓶が割れたりする）10分沸騰させて取り出す。5分ほど置いたら蓋をしっかり閉めて、蓋を下にしてそのまま冷ます。

白露《はくろ》

9月に入り、朝夕が過ごしやすくなり、薄《すすき》の穂が顔を出す頃。夏の疲れがどっと出やすい時期でもあります。9月9日は長寿を願う、重陽《ちょうよう》の節句です。もともと「9」は、中国で陽の極みとされる縁起の良い数字ですが、２つ重なるこの日は、強さが転じて凶になるのを抑える行事が行われていました。

菊が咲く季節であることから菊の節句でもあります。無病息災を祈って、菊の花を浮かべた菊酒を楽しみましょう。食用菊は、手軽に購入できます。旬の時期に購入して、冷凍保存もできます。菊は、ハーブティーにも向きます。

菊のスイートティー

食用菊を1輪洗って、クコの実5粒程度とともにカップに入れる。１５０㎖の湯を注ぎ、好みで蜂蜜を加える。クコの実には、老化を抑える効果と免疫力アップが期待できる。秋の夜長に、心も温まるお茶。

秋分

昼と夜の長さが同じになる日。この日を境に日暮れが早くなっていきます。1年の過ぎる速さを感じる頃でもあります。秋分の日を中日として、秋のお彼岸になります。彼岸花の赤い花が咲く頃で、群生していると見事な秋の景色に。

小豆を煮て、おはぎを作りましょう。小豆の煮汁は、小豆茶として飲むことができます。

空気が乾燥してくるので、そろそろ冬の健康に向けた準備にかかります。乾燥による喉の不調には、抗菌作用の高いタイムのチンキが効果的。ティースプーン1杯をお湯で薄めて、うがいに使用します。庭のタイムを刈り入れて、仕込みましょう。エキナセアやクローブを一緒に仕込んでおくと、安心して冬が迎えられます。

コモンタイムのチンキ

３００㎖の瓶をホワイトリカーかウォッカで拭いて消毒する。瓶の１／３くらいまで、洗って乾燥させたコモンタイムを入れ、ホワイトリカーかウォッカを瓶の首まで注ぐ。２週間ほど冷暗所に寝かせたら、濾して使う。他のハーブも同様に。冷暗所に保存して使用期限２年。

寒露《かんろ》

空がますます高くなり、稲刈りも終盤。美味しいものが出回り始めます。秋の夜長には、読書や映画鑑賞などの楽しみが盛りだくさんですが、虫の音を楽しんでみるのも良いでしょう。虫の「声」として受け止めるのは、日本人独特の感性と言われます。自然が奏でるハーモニーです。

10月も半ばになると、温かさが恋しくなってきます。眠る前のリラックスには、ハーブティーを。香水木《こうすいぼく》という和名をもつレモンバーベナは、レモンのような香りが心地よく、鎮静作用に力を発揮します。甘い香りのリンデンをブレンドし、好みで蜂蜜を加えるのもおすすめです。

秋の金色ブレンド

レモンバーベナとリンデンをティースプーン1/2ずつ合わせて熱湯200㎖を注ぎ、蓋をして3分ほど置く。蜂蜜を適量加えて、心を癒す金色のブレンドに。

霜降《そうこう》

10月の終わり頃、紅葉が美しい季節です。近所のモミジやイチョウも、日々色の変化が楽しめます。

庭木の霜対策を始める頃。寒さに弱いレモングラスやゼラニウムは、鉢上げして翌年まで休眠に入ります。鉢上げ前に刈ったレモングラスで、お正月用の注連縄《しめなわ》を作っておきましょう。葉で手を切らないように、必ず手袋をして。風邪が気になり始める季節には、ビタミンC豊富なローズヒップのティーを。飲んだ後の実は、ジャムにして残さずいただきます。

ローズヒップジャム

ハーブティーにした後の、やわらかい実を同量程度の砂糖と合わせて10分ほど焦げないように混ぜながら煮る。1回のティーの量が少ない場合は、冷凍して、量がたまったらジャムに。

秋の土用

夏の間の肌の疲れが気になる頃。日暮れが早くなって、気分が落ち込む時期でもあります。1年中活躍してくれるローズですが、この時期は肌にも心にも大活躍。ハーブティーを淹れ、バスソルトに精油を垂らし、どんな時でもバラの香りが幸せを運んでくれます。ストレスのケアにも最適です。バラの花びらで作るバラ酒は、色も香りもうっとりとさせてくれます。ドライローズは、オーガニックで赤い色の濃いものを選びましょう。

バラ酒

消毒した１ℓの広口瓶に、瓶の１／３量のドライローズを入れる。瓶の肩口までホワイトリカーを注ぎ、蓋をしてよく振る。２週間冷暗所に置き、濾す。飲む時は、蜂蜜を足すと飲みやすい。飲用以外に、入浴剤や化粧品基材にも使える。冷暗所に保存して使用期限２年。

ハロウィン

ケルトの新年は11月1日に始まるため、10月最終日が大晦日に当たります。この日は、死者の国の扉が開いて霊が地上に戻ってくるとされています。家族に会いに来る先祖の霊とともに悪霊まで降りてくるので、それを追い払う祭りが現在のハロウィンに変化しました。

魔除けのハーブとして使われるローズマリーの花束を飾って、邪悪なものから身を守ります。庭木としてポピュラーですが、きちんと刈り込まないと木質化した部分から枯れやすくなります。脳をスッキリさせたり、血流を上げる効果も期待でき、葉は寒い時期の薬湯にも大活躍です。

ローズマリー風呂

ローズマリーは、枝ごと鍋ややかんで煮出すか、洗濯ネットなどに入れて浴槽に入れる。煮出した薬湯は、茶色く出る。保温効果が非常に高いが、浴槽の変色が気になる場合は、入浴後早めに湯を抜くこと。

～冬　冷えて固まる季節～

「冬」は、「冷《ひ》ゆ」「震《ふる》う」などが語源と言われます。周囲を見渡してみると、葉を落とした木々のフォルムの美しさと、それが種類によって違うことにも気付くはずです。足元には、寒さに耐える植物の姿も見つけられます。日差しは部屋の奥まで差し込んで、暖を届けようとしています。夏から秋に準備しておいた自然の恵みを活用して体を温めましょう。

立冬

あっという間に日が暮れていきます。冷え込むと朝起きるのが辛くなってきますが、自宅で朝のバードウォッチングを楽しんでみてはいかがでしょうか。庭にバードフィーダー（鳥の餌台）を準備すれば、自然界の食べ物が少なくなっている季節、鳥たちを呼ぶことができます。温かなスパイスティーを片手に、鳥たちを間近に観察してみましょう。体を温めるスパイスを加えたマサラティーは、そのままでもミルクを加えても。

マサラティー

２人分で小鍋に５００㎖のお湯を沸かしアッサムティーをティースプーン２杯、シナモンスティック1本、さやを割ったカルダモン２粒、生姜のスライス２枚を加え、軽く煮出したらでき上がり。ミルクや黒糖を加えても温まる。

小雪《しょうせつ》

木枯らしが吹き、冬将軍の到来する頃。西では温州ミカンの収穫が始まります。クリスマスまで約1カ月、キリスト降誕を待つアドベントに入ります。

クリスマスリースを手作りしましょう。もともとは魔除けや豊作祈願のために飾るもので、モミ、月桂樹、柊など、生命力と永遠の命を表す常緑樹を使います。生垣のヒバなどを使ってもいいでしょう。リースベースのみ購入することもできます。

クリスマスリース

１００円ショップなどでも手に入るリースベースに、ワイヤーを1周巻き付け、しっかり留める。フックにかける部分を麻ひもで作り、その部分を上にして、ヒバや杉などの常緑樹の枝、ローズマリーや月桂樹を差し込んだり、松ぼっくりや木の実などを飾り付けていく。赤や緑のリボンを飾るとクリスマスらしくなる。

大雪《たいせつ》

山が白く変わり、平地でも霜が降りてきます。師走の頃、12月8日は事納めの日で、沢山の収穫をもたらしてくれた自然に感謝を捧げる日です。そのすぐ後の13日は、正月事始め。大掃除やお正月を迎える準備が始まります。

楽しくも忙しい時期は、ハーブの力を借りて乗り切りましょう。高価なハーブとして有名なサフランは、生薬名を蕃紅花《ばんこうか》といい、体を温め、強壮効果や健胃作用が期待できます。パエリアやスープに加えることが多いですが、ハーブティーにすることもできます。

サフランティー

サフランのめしべを細かく刻み、カップに入れて熱湯を注ぎ、かき混ぜる。サフラン自体も食べきること。皿の上や水栽培でも育つ手間のかからないハーブで、8月末ごろに球根を植えれば、秋に花が咲き、めしべが収穫できる。

冬至

北半球では昼が最も短い日。12月22日頃の冬至を境に日が伸びていきます。西洋の一部では、昔は太陽の力が戻ってくるこの日が1年の始まりで、ユールと呼ばれます。日本では、カボチャを食べ、柚子湯に入ります。柚子の精油成分が気持ちを和らげ、体を温め、風邪の予防に良いと言われています。運盛りといって「ん」のつくものを食べる風習もあります。だいこん、にんじん、ぎんなん、うどん、そしてカボチャも「なんきん」で2個「ん」のつく食べ物です。庭木にも多い柚子は、果汁を絞って自家製柚子ポン酢を作れます。

柚子ポン酢

柚子は果汁を絞る。醤油と味醂《みりん》は果汁と同量か、やや少なめ。すべてを合わせて、熱湯消毒した瓶に入れ、冷蔵庫で保存。果汁の量は、酸味の好みによって加減する。皮は刻んで冷凍しておけば、必要な時に使える。

正月

1年の始まりで、心も新たに迎える1日です。年末には、恵方から年神様を迎える準備として、依《よ》り代《しろ》（神霊が依りつくもの）の松や注連縄《しめなわ》を飾ります。

お節料理を盛り付ける際には、裏白《うらじろ》を敷きましょう。裏白はシダの一種で、人類より古い歴史のある強い植物で、長寿や繁栄を表します。南天の葉も、難を転じる縁起の良い植物。殺菌作用もあります。

お屠蘇《とそ》は、生薬を味醂に溶かしたもの。邪気を屠《ほふ》り、心身を蘇らせる効果があります。年少者から年長者に回して、若さをつなぎましょう。

屠蘇《とそ》

桂皮、白朮《びゃくじゅつ》、山椒の実、防風、桔梗《ききょう》、陳皮などの生薬を合わせた屠蘇散《とそさん》を、大晦日の晩に味醂に漬け込んでおく。風邪の予防や食欲増進効果が期待できる、季節にぴったりの薬酒。

飲みにくければ、お湯で割っても構わない。

小寒《しょうかん》

寒の入り。本格的に冷え込む頃。1月7日には人日《じんじつ》の節句で七草粥を食べます。せり、なずな、ごぎょう（母子草）、はこべら（ハコベ）、ほとけのざ、すずな（蕪）、すずしろ（大根）を刻んで、朝粥をいただきます。旧暦の七草は2月頃に庭で見つかる植物が多いので、旧暦の頃には自家七草を。七草粥にアクセントとして加えたい生姜は、食欲を増進や温めの効果が期待できます。紅茶やココアに足しても手軽に温め効果が期待できます。

七草粥

米は8倍の水で炊く。七草は洗って、それぞれをさっと茹で、細かく切る。生姜は千切りに。炊き上がったお粥に、七草を混ぜ込み、生姜をのせる。梅干しや塩で味付ける。

大寒《だいかん》

平地でも雪が降り、寒さの極みの頃。この頃を過ぎれば徐々に春の兆しが現れてきます。残り少ない冬を満喫しましょう。

冬至から大寒の時期の水は節気水と呼び、体に良いとされます。古くから、醤油や酒造りに使われてきました。乾燥が気になり、インフルエンザが猛威を振るう頃です。エキナセアは天然の抗生物質と呼ばれ、免疫力の向上が期待できます。秋に仕込んだチンキを使って、予防のために日頃からケアをしましょう。

ハーブチンキの冬対策

秋に漬け込んだチンキ（42ページ）を活用。タイムやエキナセアのチンキはティースプーン1/2くらいを、カップ1杯の湯で希釈してそのまま飲んだり、うがいに。クローブチンキはぬるま湯で薄め、帰宅後のうがいに。風邪の引き始めには、1日3回程度行う。

冬の土用

庭を持つ人は、土づくりを始めたい頃ですが、土の神様はこの時期の土耕を嫌いますので、行いません。これより前に始めていたことの続きなら構いません。

立春前の、風邪やインフルエンザなどにかかりやすい時期。鍋に美味しい食材がたくさん出回っている時期なので、体の温まるものを食べて養生しましょう。旬で出回る大根で大根飴を作っておきます。また急な場合には、大根湯も温まります。

大根飴

切った大根を蜂蜜か水飴に漬けておいて大根飴を作り、その汁を飲む。ハーブティーに加えても美味しい。冷蔵庫で1カ月程度保存可。

大根湯

大根おろし大さじ山盛り2とおろし生姜少々をカップに入れ、熱湯を注ぐ。喉の炎症を抑えてくれる。

第2章

月のリズムを感じて暮らす

Moon

月と、私たちの心と体

夜の空で美しく輝く月。日本では１００年ほど前まで、陰暦を使っていました。月の形によって日付を知ることができるもので、世界の他の国では、現在でも使われているところがあります。

見上げるごとに姿を変える月は、揺れ動く私たちの心の動きのようです。古来より月は、人間の心や体の中の見えない部分の変化を司る存在と考えられてきました。

珊瑚の産卵は満月に起こりますが、女性の自然な月経周期や、肌の生まれ変わりも、月の周期に重なることがあります。また出産や死亡の時間も、干潮や満潮に重なりやすいと言われています。このように、地球上の生命は月と深くかかわっていると考えられてきました。人間の体の水分量は、地球の海が占める割合と同じ60～70％と言われています。人体は地球の縮小版と言っていいかもしれません。

古くから、満月の光は人を魅了し、幻惑してきました。かつて西洋の魔女たちは、満月に薬草の効力が最大となると信じていました。狼男の伝説もルナティック（月の光によって引き起こされる狂気）も、満月の光によるものです。もしあなたが満月の日に何となくイライラしたり、新月の直前に落ち込んだり、何らかの変化があるとしたら、それは月のリズムの影響かもしれません。

月と地球のつながり

月は、地球から約38万km離れており、29・5日かけて地球の周りを回っています。「新月→上弦→満月→下弦→新月」のワンサイクルを「朔望月《さくぼうげつ》」と言います。

太陽と地球を結ぶ直線上に月が入る日が、新月。

その約15日後、太陽と月を結んだライ

朔望月（月の満ち欠けのワンサイクル）

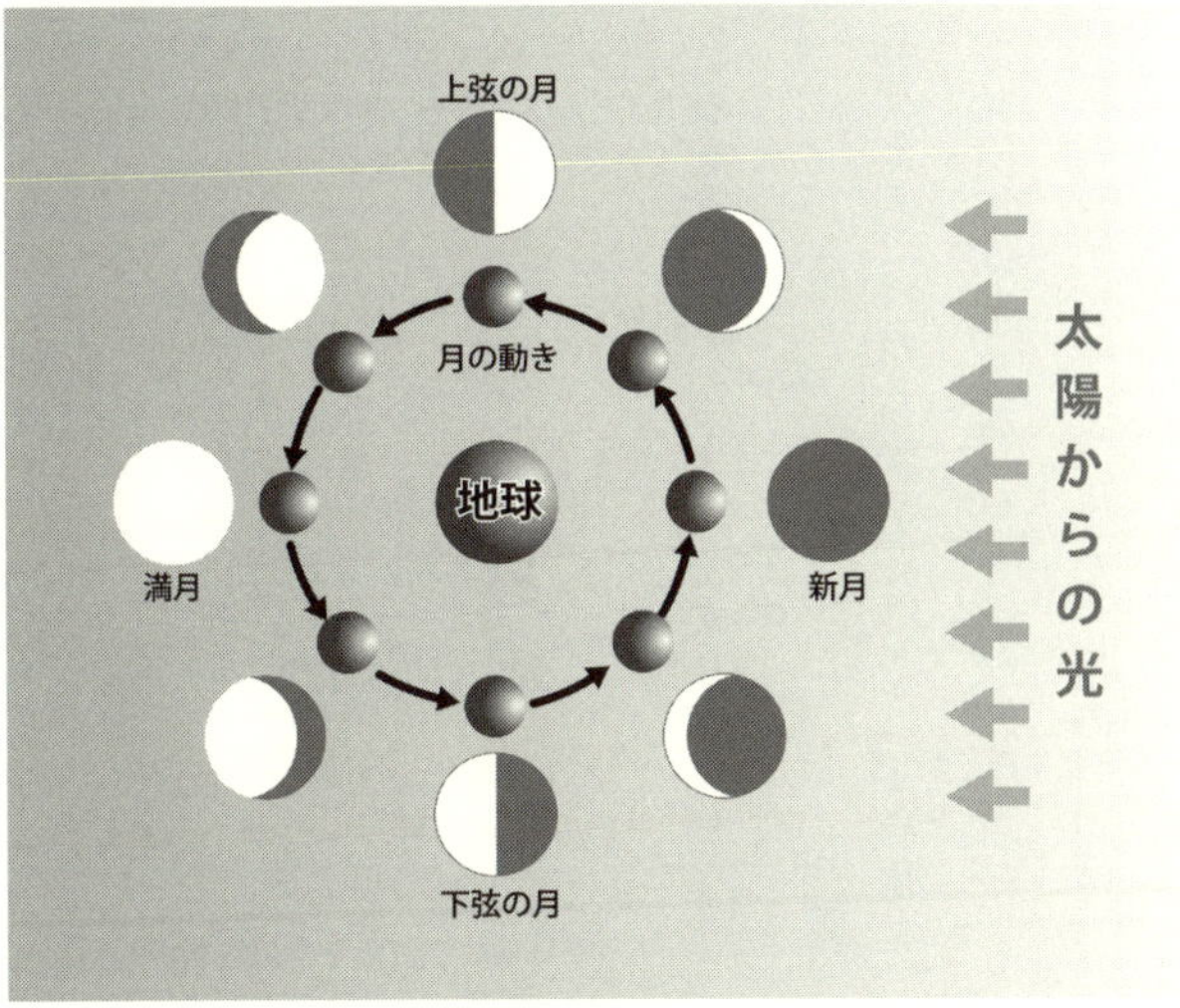

ンの間に地球が入り、光の当たっている部分が地球から見えるのが満月。
月は新月を過ぎると、弓の形のような光を見せ、徐々に丸くなっていきます。満月を迎えると、満ちていったのとは反対側が徐々に欠けていき、ついには見えなくなります。

月が地球に与える影響として、最も身近なのが「潮汐力《ちょうせきりょく》」です。海の満潮や干潮（海面が一番高い状態や低い状態）、大潮や小潮（干満差の大きい状態や小さい状態）を引き起こします。

また地球は、月との引力によって、地軸の傾き23・5度を保っています。つまり、月がなくなると、地球は軸がぶれてバランスを崩しまうのです。

実は、月は、1年に3・5㎝ずつ地球から離れつつあります。月が遠ざかるにつれて地球の自転は遅くなり、1日の時間も長くなっていきます。40億年以上も前、月と地球の距離が約2万kmの頃は、1日の長さが約4時間ほどだったと考えられています。また。月の引力は地球の自転軸の傾きを23度に保つ役割を果たし、1度でもずれると地球では大きな異常気象が発生します。

ゆくゆくは、月が地球の衛星軌道から外れて離れてしまうという説と、一定の距離で止まるという説がありますが、どちらも、それが起こるのは数十億年後というのが救いでしょうか。

古くから人々が敬い、祈りを捧げてきた月は、まさに地球の命を守る神なのです。

月のリズムで暮らすヒント

太陽がもたらすのが「暮らしのリズム」ならば、月のリズムがもたらすのは「目に見えない体と心のリズム」です。自分では理由がよくわからないけれど、前向きになったり落ち込んだりするならば、それは月のリズムがあなたの無意識に影響を与えているからかもしれません。

月のリズムを知ることは、私たちの内側に眠っている本来の自分らしさを大切にして生きるヒントになります。これからご紹介する、古くから伝わるおすすめの食べ物や過ごし方などを何となく心に留めておき、ふと何か思うことがあれば、月と同調できるように試してみてください。ただし、四角四面にリズムに沿うようにするのは、内側から沸き起こるメッセージから離れてしまいますのでご注意を。

地球に潮汐をもたらすように、月は植物の生長にも影響を与えられていると考えられています。ガーデニングや野菜作りをしている人、これから植物を育ててみたい人は、参考にしてください。

なお、月の満ち欠けは、インターネット、新聞、ムーンカレンダーなどで調べられます。

新月

月の満ち欠けのサイクルの始まりの日です。

過ごし方

・新たな物事をスタートさせるのにぴったりの時。新しい仕事の依頼や習い事など、自然の流れにのってチャレンジをしましょう。

・新年の抱負は元旦に立てますが、新月ごとに1カ月で行動に移せるような現実的な目標を立てると良いでしょう。

・新月から満月までは、月の形のごとく膨らんでいく時期です。行動範囲や人脈を広げたり、新たな知識を増やしたりしましょう。

フードセラピー

・排出力が高まるため、プチ断食に向きます。ビタミン豊富な旬の果物とクレソンやパセリ、スプラウトなどで作ったジュースを飲みます。また、コリアンダーや玉ねぎのように解毒効果の高い食品を摂りましょう。食物繊維の豊富なごぼうやれんこん、貝類などを使った食事もおすすめです。

・排出が強すぎるとバランスを崩しやすいので、ハーブティーを飲んで補いましょう。

ガーデニング

・葉や花などの地上部を楽しむ植物の種蒔きは、新月を避け、これ以降の満ちていく期間に行います。新月の頃は、太陽と月が揃って引っ張る力が強く、ひょろひょろと徒長しやすくなるためです。苗の植え付けには向きます。病気が発生しやすいので、発見したら広がらないうちに防除しましょう。

三日月

新月の後、２日経つと太陽が沈む頃の西の空に、細い弓のような三日月が見えます。

過ごし方

・仕事や人脈など、だんだんと大きくしていきたいものを行動に移します。誰かに連絡をしようと突然思いつくことがあるかもしれません。そんな時は迷わず連絡を取ってみましょう。

・筋力トレーニングなどの体作りは、この頃からスタートです。

・三日月に願いをかけましょう。三日月は出ている時間が短いため、見ることができると幸運とされています。

フードセラピー

・新月後から満月までの間は、吸収力が高まるので、新鮮で安全な食材を食べましょう。上に向かって育つ、旬の青菜類やトマトなどの果菜類、果物、山菜、たけのこなどを使った食事がおすすめです。

ガーデニング

・トマトやナスなどの果菜類、麦などの穀類、豆類などは、この日から十三夜前まで種を蒔くと、月の光が地中まで届き、たくさん実がなります。ハーブの種もこの頃蒔きます。

上弦

月の西側半分が見えているのが、7日目の上弦の月です。満月までの中間地点にあたる日です。沈む時に舟の形に見え、七夕の夜、織姫が彦星に会いに行く時に乗る舟と言われています。

過ごし方

・満ちていく時期のため食欲が増しますが、欠けていく時期には自然と抑えられていきます。満月以降も続くようなら、別の原因を考えましょう。
・この日の前後から、吸収する力が上がっていきます。水分の摂り過ぎは、むくみにつながります。
・達成感を求めるような気持ちが湧いてきたら、心の中の自分ができると言っているサインです。いつもより少し頑張ってみましょう。

フードセラピー

・免疫力強化や美肌を意識した食べ物を積極的に摂ると、吸収しやすく良いでしょう。

逆に食品添加物や食中毒などにはいつもより注意が必要です。

ガーデニング

・満ちていく時期なので、植物も水分量が上がり、果菜類はみずみずしい状態で収穫できます。

十三夜

満月の少し前の、ほぼ真ん丸な月です。

旧暦9月13日に行う「十三夜」の月見は、豆名月や栗名月と呼ばれ、この頃に収穫される豆や栗を月にお供えします。収穫できた作物を供えることで、月に豊穣の感謝を捧げます。

過ごし方

・新月に立てた目標を行動に移す最後のチャンスです。光り輝くポジティブなパワーをチャージするなら、月光浴をしましょう。満ちていく力を全身に浴びます。

・活動的になれる時期です。頑張りすぎて疲れを溜めないように気をつけてください。

・むくみが起こりやすくなるため、ウォーキングやリンパマッサージなどで解消しましょう。

フードセラピー

・いつもより感覚が敏感になりやすので、刺激が強いものやお酒の量には気を付けましょう。

ガーデニング

・葉菜《ようさい》類は、この頃から満月にかけて種蒔きをすると、引力による上下に伸びる力が働き、しっかりとした苗が育ちます。

満月

太陽の光を受けた面が地球に向くので、きれいな丸い月の姿を見ることができます。日が沈んだ頃の東の空に月が現れ、一晩中夜空を照らします。

旧暦8月15日の夜は、中秋の名月を楽しむ「十五夜」です。芋名月と呼ばれ、里芋などの芋類を供えます。お団子は十五個お供えします。

過ごし方

・煌々とした月の光のごとく、エネルギーが強まる日です。新月時に立てた目標を見直し、この日までに行動に移せていなければ、いったん保留します。

・緊張状態が高まるのでトラブルが発生しやすくなります。鎮静効果のあるハーブティーを飲んで、瞑想をして心を落ち着けましょう。

・むくみが起こりやすくなりますが、排出力も増えますので、むくみが気になる場合は、利尿作用のあるものでバランスを取りましょう。ダイエットを始めるならこの日からです。

・普段より出血が増える心配があるので、緊急性がなければ手術や抜歯は避けたい日です。

フードセラピー

・吸収力が最大なので、きのこ類やこんにゃくなど、カロリー控えめな食事がおすすめです。

・きゅうりや冬瓜など利尿効果の高いものを摂って、むくみに対応します。

ガーデニング

・葉菜類で新月に定植したいものをこの日までに種蒔きします。
・薬効を利用したいハーブ類はこの日に収穫します。
・虫が発生しやすいので、見つけたらすぐに防除しましょう。

十六夜《いざよい》、待月《まちづき》

満月を過ぎると、月の出は徐々に遅くなります。満ちていった側と逆側が徐々に欠けていきます。

過ごし方

・満ちていく期間に始めたことや進んだことを、じっくり吟味していく時期です。外へ出るより、家でゆったり過ごすように生活のサイクルを切り替えましょう。
・ふと思いつくことがあれば、メモにして残しておきます。今後のヒントが隠れているかもしれません。

フードセラピー

・吸収より排出へ意識を切り替えます。デトックス効果が期待できる食材を摂りましょう。また、次の新月までは、多少食べ過ぎても太りにくいと考えられます。
・デトックス効果も高く、月と同調する海の中で育つ、貝類や海藻、魚などの食事がおすすめです。

ガーデニング

・これ以降植物の水分は下に下がっていきます。保存用ハーブの採取に向く時期です。
・この時期に除草すると、生長を抑えられます。

下弦

陰暦22日か23日の半月。左側の半月で夜半に東の空から姿を現し、昼頃沈みます。

過ごし方

・本格的な排出浄化に入ります。この期間に、新しい仕事の依頼や友人からの誘いなどが減っても、自然なことと気にしないようにしましょう。

・家の汚れも落ちやすいので、掃除や整理がはかどります。大掃除の日程もこの期間に計画すると効果的です。

・満月に見直した目標で、保留したことの、できなかった理由を分析するのに向きます。

フードセラピー

・見えない部分がクローズアップする時期ですので、地中で育つ食材を摂りましょう。じゃがいも、生姜、にんにくなどがおすすめです。

ガーデニング

・芋類、根菜類など地中で育つものを種蒔きします。水分が下に降りてくる時期なので、根の発育が助長されてよく育ちます。

暗月期

新月前の2〜3日間で、月が見えない時期です。

過ごし方

・普段は意識しないことが浮かんできやすい時期です。自分の隠された望みに耳を傾けましょう。自分の内側と向き合うタイミングです。

・いつもより眠気を感じやすくなるかもしれません。心の落ち着くハーブティーを飲み、瞑想などをして、活動を見合わせて休閑期にするといいでしょう。

・キャンドルやアロマを焚いたり、時間をかけて入浴すれば、体も心もスッキリとしてきます。

フードセラピー

・人との付き合いが増える新月以降に備え、胃や内臓を休めるために、脂肪の少ない食事を摂りましょう。

・キャベツやお米を使った料理がおすすめです。

ガーデニング

・見えない部分に目を向ける時期なので、土づくりを行いましょう。

・樹液が下に降りているので、樹木の伐採や剪定に向きます。

・穀類など、貯蔵するものはこの時期に収穫します。根に水分が多く、穀物には水分量が少ないため害虫被害が減り、味も落ちることなく長持ちします。

月のリズムに合わせた心身のケア

月のリズムに合わせて、ハーブやアロマを取り入れましょう。心身のリズムが月のリズムに調和してきて、その時期をよりスムーズに過ごすことができます。ハーブティーや芳香浴、入浴、アロマオイルマッサージなどで心身をケアしてみてください。

新月

不必要なものを排除して、新しく生まれ変わった自分でスタートする日。爽やかな香りのレモンバームやスペアミントのハーブティーが、心のリフレッシュを促してくれます。広がるハーブの香りが、拡大の時期の手助けとなるでしょう。

アロマセラピーは、浄化作用の強い精油を用いて、芳香浴や瞑想に使用します。

ハーブティー

リズムごとのハーブを組み合わせ、ティースプーン合計１杯のハーブに、200㎖のお湯を注ぎ２～３分蓋をして抽出します。

芳香浴

精油を温めて香らせるオイルウォーマーやアロマライト、空気中に拡散させるディフューザーなどに精油４～５滴を垂らして使用します。ティッシュに垂らして振るだけでも香ります。

ハーブ　レモンバーム、スペアミント、エルダー、コモンマロウ、ローリエ

精油　コモンセージ、サンダルウッド、ユーカリ

満ちていく月

月が満ちていく時は、多くのことを吸収して、パワーや活力がみなぎっていく時期です。ローズヒップやハイビスカスのように、ビタミン豊富で美容や体づくりに向くハーブがおすすめです。上に向かって咲く花がポジティブな気持ちをより後押ししてくれます。

アロマセラピーは、美容効果が高く、心を明るくさせる精油を用いて、オイルマッサージや香水に使用します。

オイルマッサージ

植物性のキャリアオイル（ホホバ、アーモンドなど）20㎖に精油２～４滴（濃度0.5～１％）を加えます。ふくらはぎや腹部など、気になる部分をマッサージします。

バスソルト

海塩50ｇに４～５滴の精油を加えて混ぜます。浴槽に入れ、よく混ぜてから入浴します。刺激を感じた場合はすぐに冷水で流しましょう。月のリズムと深いかかわりがある海の塩が向いています。

ハーブ　ハイビスカス、ローズヒップ、ローズ、ジャスミン、レッドクローバー

精油　ゼラニウム、マージョラム、ラベンダー、ローズ

満月

気分が高揚しがちなこの時期は、心を落ち着かせるカモミールやラズベリーがぴったりです。ハーブティーをゆっくりと味わいながら、新月からの自分を振り返ってみましょう。

アロマセラピーは、満月の高揚感を表す精油と、精神を落ち着ける作用のある精油を用いて、入浴や芳香浴に使用します。

ハーブ　ジャーマンカモミール、カレンデュラ、ラズベリーリーフ、レモンバーベナ

精油　イランイラン、シナモン、ジャスミン、フランキンセンス

欠けていく月

浄化作用が高まっていく時期には、デトックス効果のあるダンデライオンや、心を穏やかにするリンデンをおすすめします。深い緑のハーブが心の安定をもたらします。

アロマセラピーは、排出と内部への静観を助けてくれる精油を用いて、瞑想や半身浴に使用します。

ハーブ　ダンデライオン、リンデン、桑の葉、ネトル

精油　グレープフルーツ、ジュニパー、ミルラ、ローズマリー

誕生日の月の姿から自分を知る

自分が生まれた日にも、夜空には月が輝いていました。古くから、誕生日の月の形（月相）が、その人の個性に影響を与えると考えられています。

月が与えてくれた個性を生かすために、自分が生まれた日の月の形を知ってみましょう。対応するハーブや精油を取り入れることで、あなた本来の輝きを呼び覚ますことができます。

月相に表される長所は、伸び伸びとした心でいる時に活きてきます。ハーブや精油で心身を癒す時間を作りましょう（参考：72〜73ページ・下）。すべてを使う必要はなく、どれか1つ入っていれば構いません。元気が湧いてこない時にも助けになってくれるはずです。

芳香浴＋α

周囲に香りが充満したら、体の力を抜いて、呼吸数をゆっくり減らしましょう。５秒かけて息を吸って 10 秒かけて息を吐く。繰り返しているうちに香りが穏やかな気持ちにしてくれます。

また、瞑想や月光浴の際に、その日の月相に対応する精油を使うのもおすすめです。例えば、新月直前に瞑想をする時は、フランキンセンスの精油で芳香浴をしながら行います。

ハーブティー＋α

ハーブティーを淹れている時、飲みながら、ハーブの香りが自分を満たしてくれるイメージをしましょう。ネガティブで弱い部分にも染み込んでいき、癒してくれます。意識的にため息をついて、入ってきたハーブの力で嫌な気分を外へ押し出しましょう。

〈簡易式〉自分が生まれた日の正午の「月相（月齢）」を知る方法

【計算式】
生年西暦－ 1903 ＝ y
y × 11 ＋（y ÷ 20）＋生まれ月＋生まれ日＝ x
※ y ÷ 20：整数のみ、以下切り捨て
※１月と２月のみ調整のため「生まれ月＋１」とする。
１月「１＋１」、２月「２＋２」
→ x から 30 を引き続けた残りが生まれた時の月齢

例）1979 年２月 28 日生まれ
1979 － 1903 ＝ 76
76 × 11+（76 ÷ 20）＋（２＋２）＋ 28
＝ 836 ＋３＋４＋ 28 ＝ 871
→ 871 から 30 を引き続けると残り１　⇒月齢１

月齢による月の位相	
０～３日目の月	ニュームーン
４～６日目の月	クレセントムーン
７～ 10 日目の月	ファーストクウォーター
11 ～ 14 日目の月	ギバウスムーン
15 ～ 18 日目の月	フルムーン
19 ～ 22 日目の月	ディセミネイティングムーン
23 ～ 25 日目の月	サードクウォーター
26 ～ 29 日目の月	バルサミックムーン

ニュームーン生まれ

月の光が真っ暗な闇の中から生まれてくる頃。

月が最も太陽に近い状態なので強く輝く光を放つような人です。


長　所　赤ちゃんのような純粋なエネルギーを持ち、失敗しても何度でも生まれ変われる力を持つ人です。

迷いが少なく、大胆でチャレンジ精神旺盛、失敗を恐れません。

注目を集めることを行い、名誉や地位を築く力があります。


短　所　短期的に集中することは得意でも、長期的な視野を持つのが苦手です。

すぐに諦めればチャンスを掴めないで終わってしまいます。

無邪気さは長所でもありますが、人間関係においては短所と取られることもあります。

ハーブ　コモンマロウ、ローズ、プチグレン

クレセントムーン生まれ

月の背から、明るい光が弓のように輝く頃。
好奇心が旺盛で活動的ですが、しっかりとした自信を持てない幼児期の少女のような人です。

長所　明るく人付き合いが良いので、誰からも好感を持たれるタイプです。機転が利き、フットワークも良いので仕事を任されやすいでしょう。年を重ねるうちに、心を許せる友達に出会えます。

短所　余計なことを言って自らをつらい立場に追い込むことがあります。心配性の部分があるので、言葉を慎み、周囲とうまくやっていくほうが前向きに生きられるでしょう。

ハーブ　ジンジャー、セントジョーンズワート、パイン

ファーストクウォーター生まれ

上弦の月の頃の、満月に向かってエネルギーがあふれ出る頃。
アクティブで、エネルギッシュなパワーで突き進んでいける人です。

長所　夢をしっかり持った、パワフルで情熱的な存在です。
周囲も認めるリーダータイプで、チャレンジ精神が豊富、努力を惜しまないので、出世しやすいでしょう。
トップに立てば、力を発揮できます。

半月のように二面性があり、公私で全く違って見えることもあります。

短所　誰もが積極的に行動できるわけではないことも理解をしましょう。
柔軟性を失ったら成功できません。

ハーブ　スペアミント、オレンジ、ブラックペッパー

ギバウスムーン生まれ

満月直前の、未完成の美しさを感じさせる頃。
成人を迎えて、高みを目指し、より輝く若さを感じさせる人です。

長　所　癒し系アイドルのようでありながら、物事を冷静に判断している人です。
クリエイティブな才能を持ち、平凡な生活に安住することが苦手です。
謙虚なので、周囲からチャンスを与えられて大成功する可能性があります。

短　所　自らへの完璧性を求めるため、常に自分への不満が心の奥に眠っています。
チャンスが目の前にあったら、次のチャンスはないと思って行動することです。

ハーブ　レモンバーム、レモン、サイプレス

フルムーン生まれ

月の存在感が最も大きくなる、満月の頃。
明るく、おおらかな存在感があり、客観性を持って物事に対処できる人です。

長　所　輝く月の力を一身に背負って生まれてきた人です。
プライドが高い反面、自分の本心を表さず陰で努力できる人です。
自己顕示欲を抑えると失敗するので、周りの意見を大切にしながら表舞台に立つと成功するでしょう。

短　所　洗練さを求める人なので、ありきたりな世間に嫌気がさしたりしやすいでしょう。
人目につかない生活をしたりすると、途端に容姿に手を抜き、太ったりしやすい人です。

ハーブ　レモンバーベナ、ベルガモット、パルマローザ

ディセミネイティングムーン生まれ

丸く大きな月が少しずつ欠けて、新たな世界に向かい始める頃。
種蒔きを意味し、社会への還元や、奉仕の心を持つことができる人です。

長　所　精神的な奉仕活動を使命と感じています。

協調性や慈悲の心があり、人種や言葉を越えることができるので、世界を股にかけて動き回る可能性があります。

精神的に成熟しているので、運を掴みやすいでしょう。

短　所　奉仕の心が身近な人だけに向けられると、狭い世界で一生を終えることになるでしょう。

大きな視野を持たないと、より多くの人を救えません。

ハーブ　レモングラス、バジル、スパイクナード

サードウォーター生まれ

下半分が欠けて、闇を迎え始める月の頃。
足元をしっかりと整える、常識的な大人としての考えを持ち、尊敬を受ける人です。

長所 本人は物静かにしていても、周りから慕われるタイプです。
仕事で成功する運を持っているので、若いうちからスキルを磨きましょう。
大器晩成型なので、何でもすぐに投げ出さなければ、天職に出会い、新しい分野を切り開けます。

短所 真面目に努力をしても、急に刹那的になってしまうことがあります。
頼り甲斐はあるのに小難しい話で敬遠されることもあるでしょう。

ハーブ 月桃、ローズヒップ、ローズウッド

バルサミックムーン生まれ

太陽に近づきながら、光を消し、闇に吸い込まれていく頃です。

幻想的で、内面的に深い自分を持つ、直感的で巫女のような人です。


長所 感受性が豊かでミステリアスな人に映ります。

他者と同調し、理解する能力が高い人です。

自分が信じた世界での地道な努力が成功につながります。


短所 周囲に影響されやすいので、人間関係や住む場所などの環境を重視しましょう。

捉えどころのない雰囲気が時にマイナスに映ります。

心の不調が表に出てきやすいので、リラックスする時間を忘れないようにしましょう。

ハーブ ジャスミン、ラベンダー、フランキンセンス

月相のハーバルインセンス

ハーブや樹脂をブレンドして作られたお香、ハーバルインセンス。自分の月相ハーブや精油を加えて手作りすれば、立ち上る煙と香りから力を得ることができます。月明かりの下で焚いたり、瞑想に使ったりしてみましょう。

作り方は簡単で、ハーブや樹脂を擦って細かくしたものを、水で練って、まとめて乾燥させるだけです。樹脂のフランキンセンスやミルラなどは、古くから神聖な捧げものとして祭祀で使われてきました。

月相のハーバルインセンス

材料（約4個分）

フランキンセンス樹脂…3g／ミルラ樹脂…6g／
ジャスミンドライ…大さじ1／月相精油…10〜20滴／
精製水…適量／型（3㎝×7㎝程度の厚紙を三角錐にしたもの）…4枚

作り方

①フランキンセンス樹脂とミルラ樹脂を、乳鉢などでよく砕く。
②ジャスミンを加え粉状に細くし、よく混ぜ合わせる。
③精製水を②がそぼろ状になるくらいまで入れ、混ぜ合わせる。
④精油を加えて混ぜる。
⑤三角錐の型に④をぎゅっと詰め、2〜3日乾燥させる。

焚き方

香炉やインセンス用の受け皿にハーバルインセンスを乗せ、火をつける。消えやすいので、時々火をつけ直す。

※このレシピに月相ドライハーブを足す場合は精製水の量で加減する。ジャスミンの代わりに月相ドライハーブを使っても良い。
※材料は、ハーブやお香の専門店で入手可。

第3章

星の力を植物から取り込む

Planet

星とハーブの関係

「星に願いを」の言葉通り、人は夜空を見上げて、キラキラ輝く星に願いをかけてきました。はるか昔、人々は月や星（惑星）の動きが神の意志を表していると考え、5千年以上前に占星術が生まれました。

また古代ギリシャ時代、医術は占星術と密接な関係にありました。医学の祖ヒポクラテスは「医療を実践するものは星の動きを考慮すべき」との言葉を残しており、星の動きから体質や病気を読み、治療にあたったと言われています。

17世紀に入り、イギリスのニコラス・カルペパー（薬剤師〔ハーバリスト〕、占星術家）は、起こった事柄を占星術で読み解き、それぞれの性質によって太陽から土星までの7つの惑星に分類されたハーブで、不調を修正していく方法を再び形作りました。

医療を目的としたハーブ医術と占星術は、徐々に形を変え、ハーブを使用することで惑星のパワーを受け取ることができる「ハーブ占星術」につながっています。

各惑星には、次のようなパワーがあります。

1. 太陽（熱性、乾性）……………自我、気力、才能、自己実現
2. 月（冷性、湿性）……………情緒、素の自分、感情
3. 水星（冷性、乾性）……………知性、コミュニケーション、言語
4. 金星（やや冷性、やや湿性）……愛情、美、喜び、調和
5. 火星（太陽より強い熱性、乾性）……闘志、情熱、勇気
6. 木星（やや熱性、やや湿性）……運、拡大、発展
7. 土星（冷性、乾性）……………試練、制限、自制

※紀元前5世紀に古代ギリシャのエンペドクレスの唱えた四元素説「土、水、空気、火」を受け継ぎ、紀元前4世紀古代ギリシャのアリストテレスが四元素の属性として、「熱、冷、乾、湿」を唱えました。これらの組み合わせによって元素の性質が表れると考え、惑星の成り立ちも、この性質の組み合わせによる分類がされていました。カルペパーのハーブの分類は、熱は温めるもの、冷は冷やすもの、乾は乾かすもの、湿は潤すものとされています。

例えば、何となく元気が出ない時には、「自我」や「気力」のパワーを持つ太陽の助けを借ります。太陽の支配下にあるカレンデュラのティーを飲んで、太陽の力をチャージします。

今よりもっと美しくなりたいと願うのでしたら、「愛情」や「美」のパワーを持つ金星の助けを借ります。金星の支配下にあるバラの精油を使ってマッサージします。

ハーブ占星術は、日常生活や人生の様々なシーンであなたを助けてくれるはずです。

星の力をハーブから取り込む

７つの支配星とそれに対応する代表的なハーブをご紹介します。ハーブは、ハーブティーや食材として、また精油があればそれを活用して、日々の暮らしに自由に取り入れてみましょう。

1. 生命エネルギーを与えてくれる　太陽

万物の生命を生かす太陽は、私たちが一歩前に踏み出したい時に、力を与えてくれます。仕事や趣味で新しいことに取り組む時、また、進むべき道がわからない時や自信を失くした時、太陽の力を取り込んでみましょう。

対応するハーブ：オレンジ、オリーブ、カレンデュラ、カモミール、コーンフラワー、サフラン、セントジョーンズワート、ユズ、ローズマリー、ローリエ

2. 内なる自分を癒してくれる　月

月は、私たちの内面を癒してくれます。意味もなくイライラしてしまう時、オンとオフの切り替えができずリラックスできない時、月の力を取り込んでみましょう。

対応するハーブ：レモン、クラリセージ、サンダルウッド、ジャスミン、パッションフラワー、ハニーサックル、フランキンセンス、ユーカリ、ライム、レモン、ローズヒップ、ハコベ

3. コミュニケーションを活性化する　水星

水星は、才能を発揮するためのコミュニケーション能力を与えてくれます。対人ストレスを感じる時、才能が発揮できず歯がゆい時、言語能力を上げたい時に取り込みましょう。

対応するハーブ：オレガノ、キャラウェイ、ディル、ハッカ、バレリアン、フェンネル、マージョラム、ラベンダー、レモングラス、レモンバーベナ、ルッコラ、甘草、桑

♀

4. 生きる喜びを感じさせてくれる　金星

　愛と美の女神「ヴィーナス」の名を持つ金星は、美意識や魅力の開花に力を与えてくれます。愛されたい時、恋愛運を上げたい時、芸術や美的センスを磨きたい時、また、平和的な結びつきがほしい時に、金星の力を取り込みましょう。

対応するハーブ：アーティチョーク、エルダー、イランイラン、カルダモン、ゼラニウム、タイム、マロウ、バニラ、バーベイン、ヒース、フィーバーフュー、ヤロウ、ラズベリー、レディスマントル、ローズ、ローゼル、ワイルドストロベリー

5. ここぞという時の活力を与えてくれる　火星

赤く輝く火星は、生きていくための活力を与えてくれます。引っ込み思案でチャンスを逃してしまう時、昇進や試験で成功したい時、勝負に勝ちたい時などに、火星の力を取り込みましょう。

対応するハーブ：ガーリック、コリアンダー、サンザシ、ジンジャー、ターメリック、タラゴン、チリ、ネトル、バジル、ブラックペッパー、ホップ、マスタード

6. 世界を広げてくれる　木星

「幸運の星」と呼ばれる木星は、太陽系の中で最も大きく動き、拡大していく力を与えてくれます。もっと広い世界を見て活躍の場を探したい時、物事を肯定的に捉えられない時、成長したいと感じた時に、木星の力を取り込みましょう。

対応するハーブ：アニス、クローブ、シナモン、ダンデライオン、チコリ、チャービル、ヒソップ、ボリジ、リンデン、レモンバーム、レッドクローバー、ローズウッド

7. 試練に立ち向かう強さをくれる　土星

かつて地球から最も遠い惑星と考えられていた土星は、世界の終わりを表し、私たちに立ち向かう力を与えてくれます。苦手なことを克服したい時、挫折を乗り越えて強くなりたい時に、土星の力を取り込みましょう。

対応するハーブ：エキナセア、クミン、ジュニパー、パチュリ、マーレイン、ミモザ、紅花、スギナ、ナズナ

夢を叶える星の香水

香りは古くから、神(天、宇宙)と人とをつなぐ役割を果たしてきました。古代エジプトでは、香りは神への捧げものとして用いられました。宗教儀式でお香を焚いたり、場の浄化にセージを燃やしたりするのも、香りの持つ力を利用したものです。

アロマセラピーで用いられる精油も、それぞれの惑星に対応しています。ぜひ日常的に香りを用いて、星と香りの力を味方につけましょう。

今の自分に必要な力を持つ惑星の精油を選び、香水（１００ページ）やルームスプレー（２０１ページ・下）を作ってみましょう。手軽に良い香りをまとうことができます。

※光毒性のある精油を外出時に使用する場合は、直接日光に当たらないように注意が必要です。

星（惑星）	精油
1. 太陽 ☉	オレンジ、ベルガモット、ミルラ、ユズ、ローズマリー
2. 月 ☽	クラリセージ、サンダルウッド、ジャスミン、フランキンセンス、ユーカリ、レモン
3. 水星 ☿	フェンネル、マージョラム、ラベンダー、ラバンジングロッソ、レモングラス
4. 金星 ♀	イランイラン、カルダモン、シトロネラ、ゼラニウム、バニラ、ベチバー、ローズ
5. 火星 ♂	ジンジャー、バジル、ファーニードル、ブラックペッパー
6. 木星 ♃	クローブ、シナモン、レモンバーム、ローズウッド
7. 土星 ♄	サイプレス、シダーウッド、ジュニパー、パチュリ、ミモザ

★夢を叶える星の香水

材料　遮光瓶（30㎖）／精油…合計8～10滴／エタノール…10㎖／精製水…10㎖

作り方　①取り入れたい力を持つ星の中から、対応する精油を選ぶ。
複数の星を組み合わせて構わないが、精油は5種類くらいまでが適当。
②エタノールに精油を加えていく。1滴入れるごとに瓶をよく振って香りを確かめながら、次を入れる。香りの強い精油が入る場合は滴数を減らしても良い。
③すべて混ぜ合わせたら、最後に精製水を加える。

※1週間ほど熟成させるとアルコール臭が抑えられて香りがまろやかになる。
※3カ月程度で使い切る。

香水のブレンドレシピ

目的に合った星の支配精油をメインにブレンドし、そこに精油の効能や香りの相性によって他の精油もプラスします。

★自信が持てる自分になる太陽のアロマ

スイートオレンジ（2滴）、ベルガモット（2滴）、ミルラ（2滴）、ローズマリー（1滴）

＋シトロネラ（1滴）

★癒しのリラックスタイムを実現する月のアロマ

クラリセージ（2滴）、サンダルウッド（1滴）、フランキンセンス（2滴）、レモン（2滴）

＋サイプレス（1滴）

★コミュニケーション能力ＵＰ水星のアロマ

マージョラム（2滴）、ラベンダー（3滴）、レモングラス（1滴）

＋クローブ（1滴）、ジンジャー（1滴）

★ＬＯＶＥ運を上げる美の金星アロマ

イランイラン（1滴）、カルダモン（1滴）、ゼラニウム（1滴）、ローズ（1滴）

＋シナモン（1滴）

★勝ちたい時の火星アロマオーラスプレー

ジンジャー（2滴）、ファーニードル（2滴）、ブラックペッパー（1滴）

+あら塩ひとつまみ

★これ以上努力できない時の最後のひと仕上げ、幸運の木星アロマ

シナモン（2滴）、レモンバーム（1滴）、ローズウッド（3滴）

+ラバンジングロッソ（2滴）

★自分の殻を破る土星アロマ

サイプレス（2滴）、シダーウッド（1滴）、ジュニパー（1滴）、パチュリ（2滴）

+ユズ（2滴）

その他のおすすめブレンドレシピ

★穏やかな香りで眠気を誘うスリーピングアロマ

ラベンダー（3滴）、ベルガモット（2滴）、マージョラム（2滴）

★眠気覚ましと集中力を必要とする時に

ユーカリ（2滴）、ローズマリー（2滴）、ミント（1滴）、レモン（1滴）

★アロマバスソルト

材料 天然塩…大さじ3、またはエプソムソルト…1カップ
※エプソムソルトは、塩ではなく硫酸マグネシウム。風呂釜を傷めにくい。
精油…3〜5滴

作り方 ①取り入れたい力を持つ星の中から対応する精油を選ぶ。
②天然塩かエプソムソルトに精油3〜5滴を混ぜる。

★アロマ瞑想

芳香浴をしながら瞑想を行えば、香りとともに星の力が意識の奥深くに働きかけてくれます。支配精油を選び、瞑想効果を高めてくれる精油をプラスすると良いでしょう。

精　油　支配精油

＋サンダルウッド…雑念を取り払う

＋フランキンセンス…呼吸がゆったりとする

＋ジュニパー…空間を浄化する

やり方　ディフューザー、オイルウォーマー、アロマライトなどに精油4〜5滴を垂らして瞑想します。瞑想前にティッシュに垂らして振るだけでも香ります。

精油の持つ力

精油は、植物の花、葉、果皮、樹皮、根、種子、樹脂などから抽出した芳香物質です。ハーブの葉をこすると独特の香りがしますが、これは香りの詰まった油胞というカプセルがつぶされて、精油成分が蒸発するためです。

精油は香りを嗅いだ時に幸福感やリラックス感をもたらしてくれる他、芳香成分の薬理効果として、血行促進作用、抗炎症作用、催眠作用、殺菌作用、鎮静作用、鎮痛作用などがあります。

それぞれの星に対応する精油について、次のページからご紹介します。

精油を使用するうえでの注意

・内服はしない。
・原油塗布は避け、希釈する。
・引火性なので火のそばに置かない。
・開封後は冷暗所で保管し、１年以内に使い切る。
・柑橘系精油は光毒性に注意する。
・妊娠中・通院中、乳幼児への使用は専門家に相談する。

1．太陽の精油

オレンジ	こころ……気持ちを明るくさせる、リラックス、リフレッシュ からだ……消化器の不調、食欲増進、肌の収斂 注意………光毒性、高濃度
ベルガモット	こころ……鎮静、高揚、抗鬱、精神の安定 からだ……消化器系の不調、消毒、乾燥肌 注意………光毒性、長時間の連続使用
ミルラ	こころ……情緒安定、リフレッシュ、無気力解消 からだ……抗菌、デオドラント、歯肉炎、呼吸器の不調 注意………妊娠中
ユズ	こころ……高揚、抗不安、リラックス からだ……殺菌、自律神経調整、血行促進、保湿 注意………光毒性
ローズマリー	こころ……記憶力増進、リフレッシュ、覚醒、強壮、憂鬱 からだ……頭痛、めまい、利尿、収斂 注意………妊娠中、高血圧、てんかん症、乳幼児

２．月の精油

クラリセージ	こころ……抗不安、鎮静、リラックス からだ……頭痛、体力回復、月経不順、毛髪の成長 注意………高濃度、運転前、妊娠中
サンダルウッド	こころ……鎮静作用、心配事による不眠解消 からだ……呼吸器の不調、泌尿器の感染症、肌を柔軟に、かゆみを抑える 注意………抑うつ状態の時
ジャスミン	こころ……自信回復、勇気、幸福感、リラックス からだ……月経痛、ＰＭＳ、皮膚軟化、保湿 注意………高濃度、妊娠中
フランキンセンス	こころ……抗不安、恐怖を和らげる、リフレッシュ、呼吸を静める からだ……呼吸器の炎症、消化促進、収斂、消毒 注意………妊娠初期
ユーカリ・ラディアタ	こころ……興奮を鎮める、精神集中、覚醒 からだ……殺菌、花粉症、喉の痛み、風邪の初期 注意………高濃度、高血圧、てんかん症
レモン	こころ……リフレッシュ、抗不安、集中力、記憶力 からだ……血行促進、角質を取り去る、にきび、ふきでもの 注意………光毒性、高濃度

☿ 3. 水星の精油

フェンネル	こころ……鎮静、抗ストレス からだ……健胃、解毒、女性ホルモン様、更年期 注意……妊娠中、授乳中、乳幼児、てんかん症、子宮器系疾患
マージョラム	こころ……孤独感の解消、抗不安、鎮静 からだ……筋肉痛、頭痛、不眠症、血行促進、挫傷 注意……妊娠中、運転前
ラベンダー	こころ……鎮静、安定、リラックス からだ……中枢神経の安定、やけど、頭痛、皮膚の炎症 注意……運転前
ラバンジングロッソ	こころ……リフレッシュ、集中 からだ……鎮痛、炎症肌、呼吸器の不調 注意……妊娠中
レモングラス	こころ……活力を与える、リフレッシュ、気分の高揚 からだ……食欲増進、消化不良、筋肉痛、皮脂バランス 注意……敏感肌、高濃度

♀ 4. 金星の精油

イランイラン	こころ……鎮静、ショックや不安への安定、自信の回復 からだ……ホルモンバランスの調整、殺菌、消毒 注意……低血圧、過度の使用、敏感肌、妊娠初期
カルダモン	こころ……神経の強壮、鎮静、充足感をもたらす からだ……去痰、抗カタル、抗炎症、食欲増進 注意……高濃度
シトロネラ	こころ……抗鬱、気分を明るく、リフレッシュ からだ……感染症予防、消毒、抗ウィルス 注意……高濃度
ゼラニウム	こころ……不安解消、ストレス軽減、気分を明るくする からだ……ホルモン調整、更年期障害、皮脂バランス 注意……敏感肌、妊娠中
バニラ	こころ……幸福感、安眠、鎮静 からだ……マッサージ等では使用しない 注意……刺激
ベチバー	こころ……鎮静、ストレス緩和、不眠症 からだ……消毒、リウマチ、強壮、乾燥肌 注意……イネ科アレルギー
ローズ	こころ……無気力の解消、気分の高揚、情緒安定 からだ……ホルモンバランス調整、消化器の活性、老化肌、皮膚の炎症 注意……妊娠中

5. 火星の精油

ジンジャー	こころ……リフレッシュ、刺激を与える、行動力 からだ……血行促進、筋肉痛、消化不良、抗感染症 注意………妊娠中、皮膚刺激
バジル	こころ……脳のリフレッシュ、快活さが無い時、神経の疲れの軽減 からだ……消化促進、虫刺され、ニキビ肌、筋肉痛 注意………妊娠中、敏感肌
ファーニードル	こころ……精神の浄化、不安の解消、リフレッシュ からだ……殺菌、抗感染症、呼吸器の不調 注意………特になし
ブラックペッパー	こころ……リフレッシュ、刺激、心身の活性 からだ……抗感染、吐き気、循環器強壮、血行促進 注意………妊娠初期、敏感肌、肝臓疾患

♃ 6. 木星の精油

クローブ・バッド	こころ……高揚感、記憶力の回復 からだ……抗菌作用、歯痛や緊張が原因の頭痛、冷え 注意……高濃度、幼児、妊娠中、授乳中
シナモン	こころ……疲労時、衰弱時 からだ……消化促進、腰痛や冷えの改善 注意……妊娠中、授乳中、乳幼児、高濃度
レモンバーム	こころ……抗不安、抗鬱、鎮静 からだ……強心作用、解熱、健胃 注意……妊娠中、敏感肌
ローズウッド	こころ……抗ストレス、批判的な感情の軽減、落ち込みの解消 からだ……免疫力の強化、殺菌、消毒、頭痛、時差ボケ 注意……特になし

7．土星の精油

サイプレス	こころ……鎮静、イライラや怒りっぽさの解消 からだ……体液のバランスを整える、収斂、呼吸器系の不調 注意………高血圧、妊娠中
シダーウッド	こころ……抗不安、鎮静、リフレッシュ からだ……呼吸器の炎症、皮脂分泌の正常化、殺菌消毒 注意………妊娠中、授乳中
ジュニパー	こころ……気分の浄化、リフレッシュ、勇気 からだ……冷え、利尿、毒素排出 注意………妊娠中、長期使用、腎臓疾患
パチュリ	こころ……情緒不安の解消、鎮静、催淫 からだ……殺菌、肌荒れ、皮膚軟化、利尿 注意………高濃度、敏感肌
ミモザ	こころ……抗鬱、鎮静、精神の安定 からだ……マッサージ等では使用しない 注意………高濃度

星（惑星）と対応する植物一覧

植物は、ハーブティーやスパイスとして取り入れることもできます。例えば勝負をかけたい日に、カレーに火星のスパイス（ガーリック、コリアンダー、ジンジャー、ターメリック、チリ）を使うなど、食事や飲み物に取り入れてみてください。

星（惑星）	植物
1. 太陽 ☉	アイブライト、アンジェリカ、オレンジ、オリーブ、カレンデュラ、カモミール、コーンフラワー、サフラン、セントジョーンズワート、ベルガモット、マンダリン、ミルラ、ユズ、ローズマリー、ローリエ、胡桃、米、蜂蜜、ひまわり
2. 月 ☽	カユプテ、レモン、クラリセージ、サンダルウッド、ジャスミン、ニアウリ、パッションフラワー、ハニーサックル、フランキンセンス、ユーカリ、ライム、レモン、ローズヒップ、キャベツ、ハコベ、ヤエムグラ、豆類、緑茶
3. 水星 ☿	オレガノ、キャラウェイ、セイボリー、ディル、ハッカ、バレリアン、ベンゾイン、フェンネル、マージョラム、マートル、ラベンダー、ラバンジングロッソ、レモングラス、レモンバーベナ、ルッコラ、甘草、桑

4. 金星	♀	アーティチョーク、エルダー、イランイラン、カウスリップ、カルダモン、キャットニップ、シトロネラ、ゼラニウム、タイム、チェリー、マロウ、バニラ、バーベイン、ヒース、フィーバーフュー、ベチバー、ヤロウ、ラズベリー、レディスマントル、ローズ、ローゼル、ワイルドストロベリー、桃、蓬、林檎
5. 火星	♂	エニシダ、ガーリック、コリアンダー、サンザシ、ジンジャー、ターメリック、タラゴン、チリ、ネトル、バジル、ファーニードル、ブラックペッパー、ホップ、マスタード
6. 木星	♃	アニス、クローブ、シナモン、ダンデライオン、チコリ、チャービル、ヒソップ、ボリジ、メドウスイート、リンデン、レモンバーム、レッドクローバー、ローズウッド、葡萄
7. 土星	♄	エキナセア、クミン、サイプレス、シダーウッド、ジュニパー、パチュリ、マーレイン、ミモザ、紅花、スギナ、ナズナ

第4章

ハーブのブレンドカレンダー

Herb

ホッと一息の時間に

毎日の暮らしで自然の力を取り入れる手軽な方法がハーブティーです。慌ただしい生活の中で、ホッと一息を入れる時間は、心身のリラックスはもちろん、仕事の能率アップにも役立ちます。ハーブティーは、薬用植物の葉、種子、花、茎、根、樹皮などの一部や全草を、フレッシュ（生）やドライ（乾燥）の状態で、お茶のように抽出したものです。味や香りを楽しむだけでなく、ハーブの効能も得ることもできます。多くのハーブティーはカフェインを含まないため（マテには少量含まれます）、夜にも安心して飲むことができます。

ハーブティーは処方薬だった

ハーブティーの起源は、「医学の父」と言われる古代ギリシャのヒポクラテス（前４６０〜前３７０頃）が、病気の治療のためにハーブを煎じて、薬として処方したものと伝えられています。また、インド・スリランカのアーユルヴェーダや、中医学においても、同じく薬草による療法として伝統的にお茶が飲まれてきました。いずれも植物の力で人の自然治癒力を高め、心と体を癒すことを目的とするものです。

近代医学の発達に伴い、一度は表舞台から消えかけた薬草療法ですが、近年日本でもハーブティーが一般に普及し、再び見直されています。

ハーブティーに期待できる7つの力

誰もが、薬や病院に頼らずに健康に暮らしたいと願っているはずです。ハーブの効能効果を知ってセルフケアに用いれば、日常的な不調の改善や健康づくりに役立ちます。ハーブティーには次のような効果が期待できます。

①抗酸化

金属がサビつくと正常な働きができなくなるように、体内の余分な活性酸素によって酸化が起こると、生活習慣病や老化に繋がります。体の中をサビつかせないようにするのが「抗酸化作用」で、アンチエイジングや健康長寿のキーワードです。

活性酸素は年齢とともに自然と増えていってしまうため、抗酸化力の強いポリフェノールを含む、シソ科やセリ科のハーブを日々摂るのが理想です。

②抗糖化

糖化は、急激な血糖値の上昇や過剰な糖が、体内の余分なたんぱく質と結びつくことにより起こります。糖化が進むと細胞などが劣化し、肌のシミ、シワ、くすみにもつながります。動脈硬化の他、白内障やアルツハイマーとの関連も指摘されています。

ハーブには糖化を抑えるものが多くありますが、中でもカモミールに含まれるポリフェノール「カマメロサイド」の糖化抑制作用が知られています。

③自己免疫力の維持・向上

人間が本来持っている、健康を保ち、病気を防ぎ、傷ついた細胞を修復して再生させる能力が自己免疫力です。加齢、睡眠不足やストレスなどによって、私たちはこの力を発揮しにくい状態にあります。免疫力の低下は、風邪をひきやすい、疲れやすい、怪我が治りにくい、またガンの発症にもつながります。セリ科やシソ科のハーブには、免疫力向上が期待できるものが多くあります。

④リラックス

ＰＣやスマホが普及して便利になった反面、長時間使用のため緊張状態が続き、自律神経が乱れやすくなっています。ストレスが続くと免疫力も低下します。ハーブは鎮静作用を持つものも多く、香りが直接脳に働きかけて、自律神経を整えてくれます。１杯のハーブティーが本来の治癒力を目覚めさせることにつながります。

⑤リフレッシュ

仕事や家事の合間、眠気に襲われた時など、ハーブティーで気分転換をはかれます。ハーブはカフェインを含まないため、胃を荒らしたり睡眠を妨げたりする心配がありません。ミントやローズマリーなどはすっきりした香りで、集中力を向上させ、心身に活力を与えます。

⑥代謝促進

代謝が滞り、体内に不要な毒素が溜まると、不調の原因となります。利尿作用や強壮作用のあるハーブは、代謝を促進し、ダイエットやデトックス、また冷えやむくみの解消に効果的です。ジンジャーやフェンネルなどが知られています。

⑦ファイトケミカルの摂取

植物が持つ色や香り、灰汁などには、ファイトケミカルという成分が含まれており、私たちが体内に取り入れることで、健康の維持・増進に役立ちます。抗酸化、免疫力の向上など、良い影響を与えるものがたくさんあります。

ハーブティーの淹れ方

ドライ（乾燥）かフレッシュ（生）か

ドライハーブは季節を問わず手に入り、ティーバッグでも売られています。乾燥していると生より薬効が強く出やすくなります。乾燥剤とともに缶や瓶に入れて、密閉して冷暗所で保存し、早めに飲み切りましょう。冷蔵庫での保管は、出し入れの際の温度変化で結露を起こします。ハーブに虫がついてしまった場合でも、入浴用などに転用できます。

フレッシュハーブは、自分で栽培したり野菜売り場で購入したりすることができます。生の良さは香りや色で、新鮮さが命です。また、強く洗うと葉の裏の精油成分が流れてしまうので、汚れを優しく落とします。

ハーブには乾燥すると飛びやすい香りの成分があるため（レモン系の香りなど）、ドライとフレッシュでは風味に違いが出ます。

淹れ方

ポットにハーブを入れ、熱湯を注ぎ、すぐに蓋をして1～5分置きます。

・ドライハーブは、カップ1杯（２００㎖）あたり、ティースプーン山盛り1杯のハーブを目安とします。

・フレッシュハーブは、ドライの約３倍量のハーブを目安とします。

・熱湯は、注ぐ間に温度が下がり95〜98℃になり、適温になります。80℃以下では抽出されない成分もあります。
・蓋をするのは、抽出された成分が香りともに蒸発するのを防ぐためです。特にフレッシュは香りが命なので、蓋をするのを忘れないでください。
・抽出時間の目安：【花など】1〜2分。【葉など】2〜3分。【根や実など固い部位】3〜5分。

飲むタイミング

朝、昼、晩、寝る前など、飲みたい時に美味しく飲むのが一番ですが、目的によって次のようなことに気をつけると良いでしょう。

・食欲増進や糖の吸収を抑えたい時などは、食前に飲みます。
・利尿作用の高いものは就寝前を避け、排出効果の高い午前中に飲みます。
・安眠や鎮静効果の高いものは、車の運転前など集中力を必要とする前には避けましょう。

・美肌や整腸を期待するものは、夕食後か寝る前に飲みます。

・夜に飲む場合は、寝る直前や熱々は避けましょう。胃が動き出して、かえって覚醒してしまいます。

・ハーブは薬ではありませんので、病気の疑いがあるような場合は、まず病院へ行ってください。

飲む期間

効能効果を期待して飲む場合は、日常的に飲み続けることで変化が実感できるでしょう。

内臓の不調などの場合、数日で効果を感じるかもしれません。

美肌を期待する場合は、肌の周期の28日間は続けてみると良いでしょう。

一部の連続服用のハーブを除けば、飲み続けても構いませんので、必要だと感じる時に、必要なだけ飲んでください。

自分で簡単にできるブレンド

ハーブをブレンドする際は、目的に合ったハーブを選び、それぞれのもつ力が発揮されるように配合していきます。飲んでみて、美味しく、効能を感じられたら、ハーブの力が十分に発揮されたブレンドと言えるでしょう。

「組み合わせないほうが良いハーブはありますか？」と聞かれることがあります。

例えばローズマリーの覚醒効果とカモミールの鎮静効果のように、効果が相容れないもの同士だと、それぞれの効果があまり期待できません。しかし２つとも体が温まる効果が期待され、少しくせがある味にはなりますが、冷え性を改善したい人には良いでしょう。組み合わせないほうが良いハーブは特にないと考えて構いません。

ブレンドの方法

ハーブの選び方は主に３つあります。参考にしながらハーブを組み合わせてみましょう。

①効能で選ぶ——体や心を健やかに保つ

風邪……エキナセア、エルダー、ジンジャー、ミント、ジャーマンカモミール、リンデン、ヤロウ、生姜

咳……ジャーマンカモミール、フェンネル、エルダー、タイム、オオバコ

消化器の不調……ジャーマンカモミール、ミント、カレンデュラ、フェンネル、レモンバーム、レモンバーベナ

便秘……ダンデライオン、ハイビスカス、ローズ、ローズヒップ、ミント

デトックス……ダンデライオン、ヤロウ、レモングラス

花粉症……ネトル、エキナセア、ルイボス、エルダー、ジャーマンカモミール、ミント

神経の緊張緩和……セントジョーンズワート、ペパーミント、レモンバーベナ、ホップ、ラベンダー

不眠……ジャーマンカモミール、パッションフラワー、バレリアン、ホップ、リンデン、レモンバーム

魔除け……ヤロウ、エルダー、フェンネル、ディル、コモンセージ

愛と美の力……ローズ、ローズマリー、マージョラム、ラベンダー、カレンデュラ

②味で選ぶ——気分転換に、料理やお菓子に合わせて

レモン系……レモンバーム、レモングラス、レモンバーベナ

ミント系……ペパーミント、スペアミント

甘み系……リコリス、アニス、ジャーマンカモミール

フラワー系……ハイビスカス、ローズ、リンデン、ジャーマンカモミール、カレンデュラ、ジャスミン

果実系……ラズベリー、ブラックベリー、エルダーベリー、ローズヒップ

③インスピレーションで選ぶ——ハーブティーを楽しみたい時に

目の前にハーブの入った容器を並べ、目をつぶって「今の自分に力をくれるハーブはどれか」と念じて手に取ったハーブを選びます。

ブレンドするハーブの数

次のように、その時々で必要な数のハーブをブレンドしましょう。

①1種類

シングルとかシンプルと呼ばれ、何かの症状の改善などの場合は、1種類で飲むのが伝統的です。それぞれのハーブの風味を知る方法として、まずはここから始めましょう。

②2～5種類

ハーブはブレンドすることで、お互いの力を引き出してくれます。少し苦手な味の時には、調整役のハーブをブレンドすることで飲みやすくすることもあります。自分でブレンドするのに、うまく調整しやすいのが2～5種類です。

③5種類以上

上級者向け。クセが抑えられ、味に深みが出るため、市販のブレンドに多くあります。1

つ1つのハーブの特徴を掴んでから挑戦してください。

配合

①すべて同量

最初はこの比率がおすすめです。強く感じるものがあれば、その比率を下げましょう。

例）便秘気味のブレンド：ローズ（1）、ローズヒップ（1）、ハイビスカス（1）

②効能や味で選んだメインを多めに

効能を得たいけれど味が苦手なものなどは、好きな味を少量足すことで調整できます。

例）デトックスのブレンド：ダンデライオン（3）、ミント（1）、レモンバーベナ（1）

③ランダムで好きなものを組み合わせる

ブレンド例

ブレンド初心者におすすめの4種です。最初はこれをベースに好きなものを足してもいいでしょう。フレッシュが手に入れば、フレッシュで作っても構いません。ドライとフレッシュのブレンドも可能です。

穏やか

ジャーマンカモミール（1）、スペアミント（1）

2種類しか入ってないことを知ると驚かれる、深みのある味わいになります。飲みやすく、ハーブティー初心者におすすめです。通常のハーブティーより短い時間、1分程度で味が出ます。寝る前にさっと淹れて心穏やかな眠りにつけるでしょう。

1年を通して美味しいと感じるブレンドですが、秋から冬はカモミールを多めにすると落ち着き、春から夏はミントを多めにするとすっきりします。

情熱

ローズ（2）、ローズヒップ（1）、ローゼル（1）

アントシアニンの赤が目にも鮮やかなお茶です。酸味がありますが、飲みやすく万人に好まれるブレンドです。

風邪の初期、二日酔いには、やけどしない程度の熱さで飲み、汗をかきましょう。

肌がくすんでいる時や、肉体疲労時、基礎体力をアップさせたい時におすすめです。

浄化

エルダー（1・5）、エキナセア（1）、ネトル（1）、ヤロウ（1）

花粉症のためのブレンドと言えばこれ。体の内側から浄化を促すブレンドです。

帰りの電車で風邪ひきさんが近くにいた、そんな時にも帰宅後にこのブレンドで風邪を撃退しましょう。

どのハーブも、見た目も味も派手なタイプではありませんが、信頼感抜群のブレンドです。

安眠

リンデン（2）、レモンバーベナ（2）、ラベンダー（1）、レモンバーム（1）

心身の疲労が強くなってくると、お休みモードになかなか入れず、よく眠れなくなることがあります。このブレンドは良い眠りを誘う鎮静効果があり、胃の調子も整えてくれる香りの良いハーブばかりです。強すぎる香りは逆効果になりますので、最初のうちラベンダーは少量加える程度に。慣れてきたらお好みで増やしても構いません。

ブレンドカレンダー

時季ごとにおすすめのハーブブレンドです。二十四節気を基に、体調に注意すべき4つの土用と、魔女の祝祭もいくつかプラスしました。これに好みのハーブをプラスして、オリジナルブレンドを作っても良いでしょう。

春

立春

……緑茶（1）、梅の花びら（3枚）。立春と言えば、朝汲んだ若水で淹れる福茶が縁起物。淹れた緑茶に梅の花びらを浮かべます。

雨水

……ネトル（1）、エルダー（1）。花粉症でなくても気になるアレルギー。黄金コンビ。

啓蟄

……蓬（1）、アーティチョーク（1）。体の浄化が始まる時に、苦みのあるブレンドを。

春分

……生スミレの花（1）、生タンポポの花（1）。食べられる花でフレッシュティー。太陽の力を表す花で。

清明

……ダンデライオン（1）、レモンバーム（1）。新生活の始まりの頃は、排出と吸収のバランスを取って。

穀雨

……緑茶（2）、ヒース（1）。八十八夜の頃の紫外線ケアに。緑とピンクのビジュアルも格別な組み合わせ。

春の土用

……生ジャーマンカモミール（1）、生アップルミント（1）。五月病や気力の減退には、スッキリとした1杯で1日を開始。

夏

ベルテーン

……バーベイン（1）、ネトル（1）。魔女の祝祭ヴァルプルギスの夜に、浄めのお茶を。

立夏

……生ユキノシタ（1）、生オオバコ（1）。地味な草の大いなる力が高まる季節。フレッシュティーにして。

小満

……ルイボス（2）、コモンセージ（1）。ずっと健康でいられる5月のセージと、肌ケアに優秀なルイボスティー。

芒種

……レモングラス（1）、レモンバーベナ（1）。気持ちの乱れやすい時期に、気の流れる組み合わせ。

夏至

……セントジョーンズワート（1）、カレンデュラ（1）。太陽の力が強大になる日。中でも太陽のエネルギーの高い2種。

小暑

……生コモンマロウ（3）、カルピス（1）。グラスにカルピスと氷を入れて、濃く抽出したマロウティーで割ると、美しい2層に。胃の粘膜を保護。

大暑

……リンデン（1）、ジャーマンカモミール（1）。エアコンで冷えた内側をケア。ぬるめになったものを。

夏の土用

……ハイビスカス（1）、ローズヒップ（1）。暑さに負けない体作りに、ミネラル豊富な赤いお茶を。

秋

ルーナサ（ケルトの収穫祭）

……レモングラス（1）、ダンデライオン（1）。初収穫の祝い。得る前には出すことも大事。不要物を排出。

立秋

……生バジル（1）、生ローズマリー（1）。料理のイメージも、お茶で飲むと新鮮なスパイシーな味わい。

処暑

……生バーベイン（1）、生アップルミント（1）。勢いよく伸びる2つのハーブの力を吸収。

白露

……枇杷の葉（2）、シナモン（1）。まだ暑く疲れが抜けない頃。暑気払いの枇《び》杷《わ》葉湯《ようとう》。煮出したものが効果的。

秋分

……ハトムギ茶（1）、クコの実（1）。乾燥が始まる頃。夏に受けた肌ダメージをケア。煮出したハトムギ茶にクコを加えて。

寒露

……菊花（1）、中国茶（1）。縁起の良い菊を旬の秋に。

霜降

……ローズ（1）、ローズヒップ（1）。夜の時間が長くなる頃、寝る前に美肌効果の高いコンビで。

秋の土用

……リンデン（1）、ジャーマンカモミール（1）。夏の疲れが一気に出る頃。胃と心に優しく働く力を吸収。

冬

サーウィン

……バーベイン（1）、エルダー（1）。1年の終わりに魔よけと風邪予防のダブル効果を。

立冬

……紅茶（2）、シナモン（0・3）、カルダモン（0・3）、牛乳（好みで適量）。木枯らし吹く季節は、紅茶をしっかり煮出した、芯から温まるチャイ。ミルクもプラスして。

小雪

……ギンコウ（イチョウ）（1）、レモンバーム（1）。血液循環の滞り解消に期待。レモンの香りで飲みやすく。

大雪

……サフラン（1）。温め効果大。朝、黄色く輝くティーを飲んで明るい1日に。

冬至

……生姜（1）、柚子皮（1）、蜂蜜（2）。縁起も良くて、気が流れ、温まる。カップに材料を入れたら熱湯を注ぐだけで師走のほっと一息。

元日

……紅茶（2）シナモン（1）、陳皮（1）。紅茶をベースに、元旦に飲む屠蘇の中から2種のスパイスをプラスしたマサラティー。

小寒

……カレンデュラ（1）、レモンバーベナ（1）。ごちそう続きの胃を、明るい気分になる色と香りでケア。

大寒

……エルダー（1）、ヤロウ（1）。1年で最も寒い日。体を温めて陰の気を追い払う。

冬の土用

……エキナセア（1）、ジャーマンカモミール（1）。風邪をひきやすい時期。心を温め免疫力を上げる。

ハーブティーを飲むにあたっての注意事項

ハーブには様々な効能が期待できますが、体に影響を与えるものとして多少の注意が必要です。ハーブティーを飲み慣れていない人には、ハーブの影響が顕著に表れたり、ハーブの成分が良くない影響を与えてしまうことがありますので、自分以外の人にハーブティーをすすめる場合は必ず次のようなことを相手に確認するようにしましょう。

・薬との併用
・妊娠中、授乳中でないか（妊娠中の使用は医師の指示に従ってください）
・治療中の疾患がないか
・アレルギーを持っていないか

また、次の表のような病気や症状、アレルギーに当てはまる場合は、使用に注意が必要です。医師の指示を仰いでください。長期連続摂取や、用量、年齢による制限、その他の摂取上の注意もあります。

各ハーブの注意事項

植物名	症状
アーティチョーク	胆管障害、胆石、キク科アレルギー
アンジェリカ	妊娠中、糖尿病
エキナセア	妊娠中、キク科アレルギー
ギンコウ（イチョウ）	妊娠中、小児、頭痛や腹痛を起こすことがある
カレンデュラ	妊娠初期、キク科アレルギー
コモンセージ	妊娠中、連続摂取は２週間くらいまで
ジャーマンカモミール	キク科アレルギー
ジュニパーベリー	妊娠中、腎疾患、飲用は１日３杯まで
ジンジャー	妊娠中、子供の多量摂取
ジンセン	妊娠中、授乳中、高血圧、糖尿病、カフェインとの併用注意
スイートバジル	妊娠中、幼児、乳児、長期連続摂取
スティンギングネトル	妊娠中、長期連続摂取
セントジョーンズワート	子供、薬との併用（経口避妊薬、血液凝固防止薬、強心薬、抗不整脈、抗ＨＩＶ薬、気管支拡張薬、てんかん薬）、長期連続摂取
タイム	妊娠中、長期連続摂取、多量摂取
ダンデライオン	胆嚢炎、腸閉塞、キク科アレルギー

植物名	症状
チェストベリー	妊娠中、小児、経口避妊薬との併用
ネトル	妊娠中、幼児の多量摂取、１カ月以上の連続服用
パッションフラワー	妊娠中、運転前
バレリアン	妊娠中、運転前、連続服用は２週間くらいまで、飲用は１日２杯くらいまで
フェンネル	妊娠中の多量摂取、小児
メドウスイート	子供、アスピリンアレルギー、飲用は１日１杯くらいまで
ヤロウ	妊娠中、多量摂取、キク科アレルギー
ラズベリーリーフ	妊娠初期～中期
ラベンダー	妊娠初期、高濃度摂取
リコリス	妊娠中、高血圧、心臓疾患、肝臓疾患
レモングラス	妊娠中の多量摂取
レモンバーベナ	多量摂取
レモンバーム	妊娠中の多量摂取
ローズ	妊娠中の長期連続摂取
ローズマリー	妊娠中、高血圧、長期連続摂取
ローゼル	妊娠中

第5章

薬草の香る食卓

Food

食べるものが未来を作る

食事には様々な喜びが詰まっています。味や香り、一緒に食べる人との楽しいおしゃべり。そして摂った栄養が未来の自分の体を作ります。

現在の日本では、世界中の美味しい食べ物が簡単に手に入ります。世界の人々が日本と同じような食生活をするには、地球が１・６２個も必要なのだそうです（『Japan Ecological Footprint Report 2012』より）。日本の食生活を支える裏側には、海外からの物流による排出ガスや梱包などの地球環境への負担も忘れてはいけません。

輸入食品が食卓に並ぶことがなかった１００年ほど前までは、地域の食材を使うのが当たり前でした。旬のものを地産地消することは、身土不二（その季節に地元で育つものを食べることが健康に繋がる）につながります。また、長距離の輸送を必要としないため地球環境にも負担がありません。

昔と同じような暮らしをする必要はありませんが、自分の体にも環境にも優しい、自然を大切にする意識をもって食生活を送りましょう。もっとも手軽な地産地消は自分で食材を育てることです。小さな鉢でも育つ、食卓を彩るハーブをキッチンのそばで育ててみましょう。季節感のある食卓に、香り立つハーブなどをプラスしてみてください。

太陽の二十四節気に沿った食事は、体調管理の役割も果たします。

また、月のリズムを意識した献立も楽しみの一つです。

それぞれ日本の香味野菜やハーブを使った、自然をたっぷり吸収できる食事をご紹介します。

太陽のレシピ

春分

山菜の苦みは、冬の間に溜め込んだ不要物の排出を助けてくれます。ファイトケミカルも多く含まれますので、旬の時期に楽しみましょう。こごみは、アクも少なく使いやすいです。タラの芽でも同じように作れます。

●春分の山菜パスタ（2人分）

材料 スパゲッティ…160g／こごみ…10本／海老…10尾／プチトマト…8個
にんにく…2かけ／唐辛子…1本／オリーブオイル…大さじ2／塩…適量

作り方 ①こごみは根元の固い部分を切り落とし、汚れをしっかり落とす。
②にんにくは薄く切り、唐辛子は種を取っておく。
③スパゲッティを茹でるお湯を沸かし、塩（分量外）を加え、茹で始める。
④フライパンにオリーブオイルをひいて、にんにくを入れ火にかける。

⑤にんにくを焦がさないように、香りが立ったらいったん火からおろし、唐辛子を加えておく。
⑥麺を茹でている鍋に、海老を加え、茹で上がりの1分前にこごみを加える。
⑦フライパンを再び弱火にかけ、ヘタを取ったプチトマト、茹で上がった麺、海老、こごみを入れる。
⑧塩で味を調整する。

夏至

キャンドルナイトにお弁当を用意しましょう。暗い光の下では、いつもと同じような献立より、少し味が強く、噛み応えがあるもののほうが美味しく感じられます。

玄米は殻が固く、普通に炊いても消化吸収が悪いため、事前に乾煎りするか発芽させてから炊きましょう。

ラペは通常にんじんで作るフランスのお惣菜ですが、ここでは切り干し大根を使った歯ごたえのあるレシピを紹介します。

〈キャンドルナイトのお弁当〉

●発芽玄米おむすび

材　料　無農薬玄米…2合／ぬるま湯…適量／塩…小さじ14（炊飯用）／海苔…適量

作り方　①玄米は洗ってゴミを落とし、タッパーなどに入れ、玄米の5㎜程度上までぬるま湯をかける。

②蓋をして、朝夕洗って水を変える。夏至の頃は野菜室に入れて約2日で発芽する。

③塩を加え、炊飯器か鍋で炊き上げる。

④炊き上がった玄米は、大さじ2程度を1／4枚に切った海苔に挟んでいく。玄米おむすびは小さいほうが食べやすい。

※発芽玄米を作って（6時間ほど）そのまま炊ける炊飯器が市販されている。

●ヨーグルト味噌漬け

材　料　味噌…大さじ3／ヨーグルト…大さじ3／きゅうり、にんじん、大葉…適量

作り方　①味噌とヨーグルトは、滑らかになるまでよく混ぜ合わせ、消毒した蓋つき容器に敷き詰める。

②きゅうりとにんじんは、拍子木切りに、大葉はそのまま①の漬け床に出ないように漬け込む。

③1時間後から食べられる。

※漬け床は数回使えるが、最後は味噌汁などにして食べ切る。

●切干ラペ

材　料　切り干し大根…一握り／レーズン…10g／フレンチドレッシング…大さじ3（次のページに作り方）

作り方　①戻した切り干大根を、食べやすい長さにカットする。

②ボウルに材料をすべて入れ、よく混ぜる。

③1時間以上冷蔵庫で寝かす。

【切り干し大根の戻し方】

①水でさっと汚れを落とし、水を張ったボウルに入れ、ざるで水を切る。

②ボウルに入れ、10分ほど置くとちょうど良い固さに。

※長時間戻すと、うまみが流れ出してしまう。戻し汁も味噌汁などに利用可。

【フレンチドレッシング】

材　料　オリーブオイル…大さじ2／酢…大さじ1／マスタード…小さじ1／塩…小さじ1／2／こしょう少々

作り方　①ボウルにオリーブオイル以外の材料をすべて入れ、よく混ぜる。
②オイルを少しずつ加えながら、乳化させる。

ルーナサ（ケルトの収穫祭）、夏のパン祭り

パンに合うペースト2種と、火を使わずにできるスープ。ラスクは余ったパンをオーブンに入れて冷めるのを待つだけなので、暑い日でも簡単に作れます。

●ハーブバター

材　料　有塩バター…200g／にんにく…1かけ／フレッシュハーブ（ローズマリー、タイム、コモンセージ、チャイブ、パセリなど）…大さじ2

作り方　①ハーブはさっと洗い、水気をふいて細かくみじん切りにする。にんにくもみじん切りに。
②室温でやわらかくしたバターに、ハーブとにんにくを混ぜる。

●ツナのパテ

材料　ツナ缶…1缶／刻みパセリ…大さじ1／刻みケイパー…小さじ1／刻みタイム…小さじ1／2／マヨネーズ…約大さじ2

作り方　①ツナ缶は水気を切り、刻んだハーブ類と合わせよく混ぜる。
②味をみながら①にマヨネーズを加える（すべて加えなくても良い）。

●ガスパチョ

材料　トマトジュース…500㎖／きゅうり…1／2本／なす…1／2本／コンソメ顆粒…小さじ1／酢…小さじ1／オリーブオイル…大さじ1／ドライバジル…小さじ1／生パセリ…少々

作り方　①トマトジュースは冷蔵庫で冷やしておく。

②野菜は粗みじんに切る。
③①をボウルに入れ、コンソメ、バジルを混ぜ合わせて10分ほど味をなじませる。
④器に③の具を盛り、トマトジュースを注ぐ。
⑤酢、オリーブオイルを垂らす。
⑥刻んだパセリを飾る。

※野菜は、トマト、玉ねぎ、パプリカ、ズッキーニなど生で食べられるもので応用可。フレッシュバジルを加えるとより爽やかに。

●ハーブラスク（塩、バターシュガー）

材料 食パン…6枚切り4枚／オリーブオイル…適量／バター、塩…適量／ローズマリー、タイム、セージなどのフレッシュハーブ…みじん切り大さじ3〜4／シナモン、砂糖…適量

作り方 ①食パンは縦に細長く6等分に切りバラバラにせず置いておく。
②天板2枚にオーブンシートを敷き、切ったパンを2枚ずつ、くっつけてのせる。
③天板1枚分は、パンにオリーブオイルをかけ、ハーブと塩をまんべんなくのせる。

④もう片方の天板のパンには、バターを塗り、シナモンと砂糖を振る。
⑤160℃に予熱したオーブンで15分焼き、ドアを開けずにそのまま冷ます。

重陽《ちょうよう》

重陽は菊の節句。和の心を表した献立で秋を楽しんでみましょう。

〈菊御膳〉

●菊寿司（2人分）

材料　米…1・5合／生姜…1かけ／白ゴマ…大さじ1／食用菊…1／2パック／酢…小さじ1／錦糸卵、しらす…適量
【合わせ酢】ハーブビネガーもしくは米酢を大さじ2に、塩…小さじ1／2を加える。

作り方　①合わせ酢の材料をよく混ぜ合わせておく。生姜は針のように細い千切りに。
②米は固めに炊き上げ、合わせ酢と生姜、ゴマを加えて冷ます。
③食用菊は、花びらをちぎってサッと茹で、水に取って絞ったら酢を少々振って

おく。

④酢飯を皿に盛り、しらす、錦糸卵、③の菊の順に飾っていく。

おすまし（2人分）

材料 きのこ（まいたけ、しめじなど）…計1パック程度／三つ葉…1／2把／
だし汁…300㎖／薄口醤油…大さじ1／みりん…小さじ2／塩…小さじ1／2

作り方 ①きのこは、石づきを取ってほぐしておく。三つ葉は3㎝程度に切る。
②鍋にだし汁を入れ、煮立ったらきのこと薄口醤油、みりん、塩で味付ける。
③椀に盛って、三つ葉をのせる。

鰆《さわら》の味噌焼き（2人分）

材料 鰆…2切れ／大葉…4枚／酒、塩…適量
【味噌だれ】砂糖…小さじ1／味噌…大さじ1／酒…大さじ1／
味醂…大さじ1／生姜…1／2かけ

作り方 ①生姜はすりおろし、味噌だれの材料と合わせよく練る。

②鰆に酒と塩を振って、片栗粉をまぶす。
③油をひいたフライパンで鰆を両面焼く。
④刻んだ大葉を加え、①の味噌だれをからめる。

秋分

秋分は、先祖への感謝をする日。おはぎを手作りしてお供えしましょう。簡単に美味しく作れます。春の牡丹餅にもなります。

●さつま芋おはぎ

材料　さつま芋…2本／もち米…1・5合
塩…ふたつまみ／黒すりゴマ…30ｇ／砂糖…15ｇ／シナモン…2振り

作り方　①もち米は、といで1時間以上水に浸けておく。
②さつま芋は皮を剥き、1㎝角に切って水にさらす。
③①に②を入れ、炊く。

④炊き上がったら濡らしたボウルにあけて、軽くつぶす。
⑤バットにすりゴマ、砂糖、塩、シナモンを混ぜて広げる。
⑥④を9等分して濡れた手で俵型に丸めたら、⑤に置いて、まんべんなくまぶす。
⑦形を整える。

冬至

冬に大活躍のオイル。体が温まり、鍋やホットサラダに大活躍です。冬至南瓜にかけていただきましょう。

●かぼちゃの香味オイルかけ

材料 長ねぎ…大さじ5／にんにく…大さじ1／オリーブオイル…200㎖／醤油…80㎖／かぼちゃ…1／2個

作り方 ①小さめのフライパンか鍋にオイルを入れ、みじん切りにした長ねぎとにんにくを入れる。

②中火でふつふつしてきたら、焦がさないように15～30分弱火で加熱する。

③長ねぎ、にんにくがきつね色になったら、火を止めて醤油を加える（この香味オイルは冷蔵庫で約1カ月保存可）。

④かぼちゃは1㎝程度の薄切りにして蒸す。

⑤熱々に香味オイルをかける。

月のレシピ

新月

食物繊維が豊富な根菜類と、フレッシュな野菜を組み合わせた献立です。

●小松菜とじゃがいものくたくた煮

材料 小松菜…1/2把/じゃがいも…2個/塩…小さじ1/2/
有塩バター…大さじ1/水…２００㎖

作り方 ①じゃがいもは皮を剥き、縦横に切り４つにする。小松菜はざく切り。
②鍋にじゃがいもと塩、水を加え、蓋をして中火にかける。
③沸騰したら、小松菜とバターを入れて蓋をして、じゃがいもが柔らかく、小松菜がくたくたになるまで煮る。

●れんこんハーブフリット

材料　れんこん…３００ｇ／薄力粉…適量／揚げ油…適量／レモン汁…適量
【衣】薄力粉…50ｇ／塩…ひとつまみ／卵…１個／ベーキングパウダー…小さじ１／
炭酸水…30㎖／生ハーブ（ローズマリー、セージ）適量

作り方　①れんこんは皮を剥き、１㎝厚の半月切りにする。ハーブはみじん切りに。
②れんこんに小麦粉をまぶしておく。
③衣の材料は、だまが残るくらいまで混ぜ、刻んだハーブを入れて軽く混ぜる。
④炭酸が消えないうちに②のれんこんをくぐらせ、１８０℃くらいの油できつね色になるまで揚げる。

●タブレ（２人分）

材料　クスクス…１／２カップ
【クスクスを戻す材料】塩こしょう…少々／オリーブオイル…大さじ１／２／熱湯…適量
トマト…１個／きゅうり…１／２本／パセリ…１把／
新玉ねぎか赤玉ねぎ…１／２個／塩…小さじ１／２／こしょう…適量／

レモン汁…大さじ1／オリーブオイル…大さじ1

作り方　①ボウルにクスクス、塩こしょうを入れてひと混ぜして、オリーブオイル大さじ1／2を入れる。

②クスクスより多くならないように熱湯を注ぎ、蓋をして10分ほど蒸らす。

③トマトときゅうりは5㎜角に、玉ねぎとパセリはみじん切りにする。

④クスクスをほぐし、③の切った野菜と混ぜる。

⑤④に塩、こしょう、オリーブオイル大さじ1を混ぜ、レモン汁を振りかける。

満ちていく月

活動的で忙しい期間にぴったりの手軽なメニュー。美容効果の高い食材を沢山使います。

●トマトのパスタ

材料　トマトホール缶…1／2缶／にんにく…2かけ／ドライバジル、ドライオレガノ…各小さじ1／2／オリーブオイル…大さじ2／

塩…適量／パルミジャーノチーズ…適量／パスタ…２００g

作り方

①にんにくは薄くスライスする。鍋にパスタを茹でる湯を沸かす。
②フライパンにオリーブオイルと①のにんにくを入れ、火にかける。
③オイルがふつふつしてきたら、にんにくを焦がさないように弱火にしてオイルに香りを移す。
④トマトをつぶしながら③に入れ、ドライハーブを加えて煮込む。
⑤沸いたお湯に塩を加え、パスタを茹で始める。
⑥茹で上がったパスタをフライパンに入れ、混ぜ合わせる。
⑦火を止め、オリーブオイル大さじ1を全体にかけてひと混ぜする。
⑧器に盛ったら、擦りおろしたパルミジャーノをたっぷりかける。

●シナモン南瓜

材料

かぼちゃ…1／2個（冷凍なら6～8切れ）／
市販の濃縮麺つゆ…大さじ3／水…２００㎖／シナモン…3振り

作り方

①鍋に麺つゆと水、カボチャを入れ、蓋をして煮る。

②かぼちゃが固いくらいでいったん火を止め、全体を混ぜてから冷ます。
③再度加熱し、シナモンを振る。

●にんじんのクミンサラダ

材　料　にんじん…1本／クミンシード…小さじ1／塩…少々／くるみ…5個／オリーブオイル…大さじ1

作り方
①にんじんは細めの千切りにして、耐熱のボウルに入れる。くるみは荒く割っておく。
②小さめのフライパンにオリーブオイルとクミンシードを入れ、香りが立つまで待つ。
③オイルからうっすら煙が出てきたら、①のにんじんのボウルにジュッとかけてすぐに混ぜる。
④塩で味を調え、くるみを加える。

満月

満月を映したようなな黄色いパエリヤと、爽やかなレモンのケーキで楽しい食卓を作ります。

●キャベツのポタージュ

材料　キャベツ…3枚／玉ねぎ…1／2個／バター…大さじ1／
水…適量、牛乳…200㎖／塩麹…大さじ1

作り方　①玉ねぎとキャベツのスライスを、バターでしんなりするまで炒める。
②水をひたひたになるまで加え、塩麹を入れ、野菜がやわらかくなるまで煮る。
③ミキサーにかけ、ポタージュ状にする。
④もう一度鍋に入れ、温まったら、牛乳を加えて沸騰する前に火を消す。

●パエリヤ

材料　米…2合／あさり…100g／固形コンソメ…1個／
海老…3尾／サフラン…ひとつまみ／玉ねぎ…1／2個／パプリカ…1／2個／

水…４００㎖／オリーブオイル…大さじ2／白ワイン…30㎖／にんにく…1かけ／塩こしょう…少々／イタリアンパセリ…適量／レモン…適量

作り方

①平らなバットにあさりと塩水を入れ、新聞紙で蓋をして砂をはかせたら、こすって汚れを落とす。

②玉ねぎ、にんにくはみじん切り。パプリカは縦に切る。

③コンソメをお湯で溶き、サフランを入れて色を出す。

④オリーブオイルを入れたフライパンに、にんにく、海老を入れてこしょうし、軽く焦げ目がつくまで炒め、取り出しておく（炒めている最中さわりすぎないこと！）。

⑤フライパンにオリーブオイルを足し、玉ねぎ、米を加え、透き通るまで中火で炒める。

⑥米の表面を平らにし、あさり、パプリカ、④で取り出した海老をきれいに並べ、白ワインと③のスープを加える。

⑦アルミホイルか蓋で覆い、中火で10分加熱。

⑧パチパチ音がしてきたら、強火にして1分加熱し火を止め15分蒸らす。

⑨イタリアンパセリをざく切りに、レモンはくし型に切る。
⑩フライパンの蓋を取り、⑨を飾ればでき上がり。

※残ったパエリヤは、スープを足してリゾットにするのもおすすめ。

●米粉レモンカップケーキ

材料
米粉…30g／小麦粉…45g／無塩バター…75g／砂糖…60g／
ベーキングパウダー…小さじ1／卵…1個／
レモン汁…1／2個分／レモンの皮すりおろし…1個分

作り方
①常温に戻したバターを白っぽくなるまで混ぜ、砂糖を加えてよく混ぜる。
②常温に戻した溶き卵を少しずつ加える（分離させないように温度を合わせる）。
③ふるった粉類を加え、さっくり混ぜる。
④レモン汁と皮のすりおろしを加え、つやが出るまで混ぜ合わせる。
⑤カップケーキ型に入れ、焦げそうになったらアルミホイルで蓋をし、180℃のオーブンで25分焼く。

欠けていく月

ほのかに自然な甘みのある献立が心を落ち着かせます。サフランには自律神経を整える効果もあります。

●サフランのスープ

材料 たまねぎ…1/2個/にんじん…1/2本/オリーブオイル…大さじ1/サフラン…ひとつまみ/お湯…500㎖/コンソメキューブ…1個/塩…少々/イタリアンパセリ…適宜

作り方
①野菜は千切りにして、オリーブオイルで炒め塩を振り、蓋をして蒸し煮にする。
②コンソメを溶かしたお湯にサフランを入れ、色を出す。
③野菜がしんなりしたら、サフラン入りコンソメを鍋に入れ煮立たせる。
④器に盛って、イタリアンパセリを散らす。

●ソーダブレッド

材料　薄力粉…２５０ｇ／グラハム粉…20ｇ／
ベーキングパウダー…大さじ1と1／4／刻んだローズマリー…大さじ1
【A】溶かしたバター…30ｇ／牛乳…１００㎖／プレーンヨーグルト…１００㎖／
砂糖…大さじ1と1／2／塩…小さじ1／2

作り方
①粉類は2回振るう。
②ボウルに①とローズマリーを入れ、混ぜ合わせた【A】を少しずつ加えてなじませまる。
③オーブンペーパーの上に打ち粉をし、②をのせる。
④丸く半球状にまとめ、成形したら、ナイフで中心に十字の切れ目を入れる。
⑤崩さないようにペーパーごと１８０℃のオーブンに入れ、25～30分焼く。

●さつまいもサラダ

材料　さつまいも…1本／くるみ…適量
【A】マスタード…大さじ1と1／2／マヨネーズ…大さじ1／

生クリーム…大さじ1／酢…大さじ1／メイプルシロップ…小さじ1

作り方

①ボウルに【A】を合わせておく。

②くるみは粗みじんに。

③さつまいもは丸ごと、固めに蒸すか茹でて、厚さ1㎝のいちょう切りに。

④①のボウルに切ったさつまいもを加え、よく混ぜる。

⑤くるみを加える。

キッチンハーブ

キッチンで小さな食用ハーブを育てましょう。家庭でできる地産地消です。１枝ちぎって料理にのせれば、フレッシュな香りが楽しめます。何より自分で育てたハーブを使う喜びは格別です。

苗を手に入れる

苗は、ホームセンターや花屋で手に入ります。殺虫剤がかかっている場合もあるので、買ってきてすぐ料理に使うのは避けましょう。しっかり育ってから使うほうが良いですが、少なくとも１週間ほど水やりをして、殺虫剤の心配がなくなってから使用します。

スーパーで苗の形で売られている食用フレッシュハーブであれば、すぐに使うことができ、土に植え替えて育てることも可能です。

種から育てる

キッチンで余っているスパイスも、発芽します（栽培用の種より発芽率は下がります）。濡らしたスポンジに撒いてスプラウトにしたり、土に蒔いて育てることもできます。

もしくは、種蒔き用土か小粒の赤玉を鉢に入れ、水をかけて種を蒔きます。上から少し土をかけたら、もう一度たっぷり水をあげて、発芽するまで乾かさないように気を付けましょう。

植え替え

苗は、買ってきた時に入っていたポットのサイズより、少しだけ大きめのプランターや鉢に、培養土を入れ植え替えて、たっぷり水をあげます。

室内でも栽培できますが、太陽の光を浴びないと元気に育ちませんので、窓辺で日に当てましょう。

いくつかの混植も可能ですが、乾燥気味を好むハーブ（タイム、ローズマリーなど）と水を必要とするハーブ（バジル、レモングラスなど）を混ぜて植えないようにします。

世話

水やりは、土の表面が乾いたら、底から流れ出るくらいたっぷりあげます。中途半端な量だと、水の届かない土が固まってしまいます。ハーブの様子を見ながら、たっぷりあげましょう。シンクなどで水やりする時は、土が排水口に流れないように注意してください。詰まりの原因になります。

収穫

ハーブは切ることで、より葉を茂らせます。ただ、葉が１枚もなくなると育ちませんので、少しずつ伸びたところを切って使います。

バジルなどは、花芽を切って使いながら花を咲かせないようにすれば、こんもりとした株に育ちます。

最後は花を咲かせて、種を収穫しましょう。また、次のシーズンに楽しめます。

キッチンハーブ7種

キッチンで比較的育てやすく、使う機会の多いハーブ7種類をご紹介します。1、2年のうちに発芽・開花して種を残して枯れてしまう1・2年草と、何年も生きる多年草があります。収穫したハーブは、料理やお菓子に使って楽しんでください。

◆コリアンダー

Coriandrum sativum　1年草

別名パクチー、シャンツァイ。生葉は、独特の青臭さがありますが、中華料理やエスニック料理のアクセントに人気があります。種子は爽やかな香りで、カレーやピクルス、魚料理などに用いられます。

蒔き時……春か秋。春蒔きは、十分育たないうちに花が咲くと葉も堅くなってしまうことがあるので、寒冷地以外では秋蒔きの方が適しています。

植え替え……大きい苗は植え替えを嫌うので、小さなうちに植え替えます。

世話……やや水を好む性質です。土の表面が乾いたらたっぷりと水を与えましょう。あげすぎると根腐れを起こします。

収穫……葉と花、根も食べられます。種の収穫は、茶色くなったら切って陰干しします。

◆コモンタイム

Thyms vulgaris　多年草

防腐効果が高く、魚や肉の生臭さを消してくれます。ブーケガルニ（ハーブを束ねたもの）として、煮込んで消臭や香りづけに使いますが、強いので量は控えめに。乾燥させてチンキの材料にもなります。

蒔き時……種からの栽培は向きません。

植え替え……2年目からは、春か秋に少し大きな鉢に植え替えます。

世話……乾燥気味を好みます。土の表面が完全に乾いたら水を与えます。植え替え直後は、2週間程度水やりを欠かさないようにしましょう。

収穫……葉を切って、料理やお茶、チンキに利用できます。大きく育ったら、株分けして増やせます。

◆チャイブ

Allium schoenoprasum　多年草

和名エゾネギ。仏名シブレット。長時間の加熱には向きません。じゃがいもや卵料理に向きます。素麺の薬味にも。ピンクの花も、サラダなどに散らして食べられます。

蒔き時……春か秋。間引いたものも、無駄にならず食べられます。

植え替え……3本くらいを一株にして植えます。

世話……土の表面が乾いたらたっぷり水をあげます。真夏は多めに水やりしましょう。
冬の間、地上部がなくなっても翌春には出てきますので、鉢で育てる場合は、
土がカラカラにならない程度に水やりをしましょう。

収穫……葉は根元3㎝くらいを残し、切ります。

◆バジル

Ocimum basilicum　1年草

ジェノベーゼソースで有名。生が特に香り高く、世界中で使われています。パスタ、サラダ、肉料理など応用範囲も広く、ドレッシングやバターの風味付けにも使えます。花も食べられ

ます。

蒔き時……春以降、気温20℃くらいで発芽します。種の上にたくさん土をかけると発芽しません。

世話……日光と水を好みます。日が当たる場所に置き、水も欠かさないようにします。20㎝程度に育ったら、中心の芽を切り、横に広げて育てます。

収穫……育ってきたら、葉が混み合うと蒸れるので、適時切って利用します。

◆パセリ

Petroselium crispuma　1・2年草

ブーケガルニに欠かせません。日本では、縮れたモスカールドが多く出回っていますが、世界的にはイタリアンパセリと呼ばれる平葉が一般的です。ビタミンを多く含み、栄養価の高いハーブです。

蒔き時……春か秋。種は、蒔く前に水に浸けておくと発芽しやすくなります。発芽するまで水を切らさないようにしましょう。

世話……土の表面が乾いたら、たっぷり水やりしましょう。日光が強すぎると、やや葉が固く育ちます。

収穫……外側の育ってきた葉から切って利用します。花が咲くと株が弱ったり、枯れたりしますので、花芽は切ります。

◆ミント

Mentha spp.　多年草

ハーブティーやお菓子作りに加えると、爽やかな風味が広がります。緑茶と合わせても相性が良いです。

蒔き時……春４月頃と秋９月頃。

世話……乾燥を嫌うので、水を切らさないようにします。地植えにすると増えるので、鉢植えで毎年大きめの鉢に植え替えていくといいでしょう。植え替えは、春か秋が向いています。異なる種類のミントを混植すると、交雑して風味が落ちるので、同じ鉢や近くに植えないようにしましょう。

収穫……適時切って利用します。

◆ルッコラ

Eruca vesicaria　1年草

別名ロケット。かすかにゴマの風味がします。生で、サラダやピザ、おひたしや味噌汁の具などにも使え、ハーブ嫌いの人でも食べやすいでしょう。花もピリッとした風味で、食べることができます。

蒔き時……春か秋。種をまいたら、薄く土を被せ、乾かさないように発芽させます。発芽率が高いので、鉢にたっぷり蒔いてベビーリーフとして間引きながら育てましょう。

世話……日光を好みますが、強すぎると葉が固くなり、風味も落ちます。水やりは、土の表面が乾いたらたっぷりあげます。

収穫……適宜利用できます。10㎝程度になったら、花を咲かせないように外側の葉から利用します。

第6章

おまじないのレシピ

Charm

幸せのおまじない

「痛いの痛いの飛んでいけ」。これもおまじないの一つ。優しい言葉と手のぬくもりで、不思議と痛みが消えていくような気がしませんでしたか？

世界にはおまじないやジンクスがたくさんあります。そして植物を使った処方箋も、言い伝えや文献からたくさん見つけ出すことができます。辛い時、力がほしい時、願いを叶えたい時、ぜひとも純粋な心で試してみてください。思わぬ救いの手がスッと差し出されることでしょう。

イライラを落ち着かせたい

職場や通勤、家族の態度。様々な場面でイライラ。そんな時に頼りになる方法です。

フェンネルシードガム

フェンネルはコミュニケーションに力を貸してくれる水星のハーブ。口でリズミカルに噛む動きには、心を安定させる脳内物質セロトニン分泌が増やす効果があります。フェンネルシードひとつまみをガム代わりに噛みましょう。爽やかな香りで口臭も減って一石二鳥です。

カモミールミルクティー

イライラに乳製品というのは昔から伝えられていますが、カモミールミルクティーの効果は抜群です。鍋に、ティースプーン山盛り2杯のジャーマンカモミールを50㎖のお湯で濃く抽出し、牛乳１００㎖を加えて温めるだけです。不思議なほど心と体を落ち着けてくれます。

劣等感からの解放

人が羨ましく見えたり、自分のふがいなさを嘆いたり。なかなか劣等感から抜け出せない、そんな時に試してみましょう。

回復のマッサージ

ホホバオイル15㎖にスイートオレンジ精油2滴とローズウッド精油1滴を加えたオイル

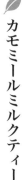

でマッサージします。太陽に支配されたオレンジスイートが、自分を追い込みがちな人に明るさと元気を取り戻す手助けをしてくれます。気持ちが楽になるローズウッドの精油もプラスします。誰かにお願いできればより効果がありますが、お風呂上がりにセルフケアでも大丈夫です。

カモミールを育てる

カモミールは、植物のお医者様と言われ、周囲の植物を元気にします。踏まれてもよく育つため「謙虚」「忍耐」を表す植物。リンゴの香りの可憐な花が咲く頃には、逆境に負けない強さが育っているでしょう。フレッシュハーブティーにしていただきます。

悲しみから抜け出したい

人生には、突然悲しみの場面が訪れることがあります。時間が癒してくれるのを待つのと同時に、心が軽くなるように何かできることがあるはずです。

癒しのセージ

セージには強い癒しの力があります。悲しみを和らげ、失った相手をいつまでも忘れないために、墓地にセージを植えたり、供えたりしましょう。聖母マリアに祝福されたハーブが、亡くなった相手を守ってくれるはずです。

パンプキンポタージュ

カボチャは月に支配された野菜です。心の深い分を癒す手助けをしてくれます。食べる気力が起こらないほど悲しい時に、ナツメグを加えたほんのり甘いパンプキンポタージュを味わってみてください。カボチャは、霊界の扉が開くハロウィンに使われる野菜です。

メッセージを伝えるゼラニウム

家族やペットを失った時、悲しみと同時に後悔にさいなまれることがあります。そんな時は、ゼラニウムの精油で芳香浴で瞑想をして、相手からのメッセージを感じてみましょう。何となく心が落ち着いてきたら、きっとそばに寄り添ってくれています。

恋愛成就

好きな人に振り向いてもらえない、告白する勇気が出ない時に、試してみてください。

バジルの鉢植え

生き生きとしたバジルを育てて窓辺に飾れば、好きな人が訪れてくれるでしょう。

未来の恋人の夢を見る

片思いを断ち切って新たな希望がほしいという時の方法です。白ワイン、ラム酒、酢、水を各小さじ1を合わせたものに漬けておいたローズマリーの枝を、1日洋服の胸のところにピンで留めます。夢に出てきた人があなたの恋人になる人です。マグダラのマリアの祝祭の前日（7月21日）のみ有効なおまじないです。

惚れ薬

コリアンダーはアラビアン・ナイトの時代から惚れ薬として使われていました。月が欠けていく時期に摘んだコリアンダーにしかその効果がありません。何とかして相手にこれを食べさせてみましょう。

ラベンダーサシェ

乾燥ラベンダーでサシェを作って肌身離さず持ち歩きましょう。運命の相手に出会えると言われています。

梛《なぎ》の縁結び

梛の木は、日本で古くから神木とされ、仏教では金剛童子《こんごうどうじ》化身として崇められています。梛の葉を半紙に包んで持ち歩くと、良いご縁が続くとされています。

萩《はぎ》の魔法

好きな人の家の近くで、萩の花を見つけて、手と手を取り合っているように2本の枝を結んできましょう。好きな人に気付いてもらうための、平安時代のおまじないです。

ワイルドストロベリー

幸せな結婚生活を送っている人から、ワイルドストロベリーの苗を分けてもらいましょう。恋愛の力を連れてきてくれると言われます。

タンポポの綿毛の占い

タンポポの綿毛を吹いて、ひと吹きですべてが飛び去れば、情熱的に愛されています。いくつか残っていれば、少し不実なところがあり、たくさん残っていたら相手はあなたに無関心でしょう。

美を叶えたい

見た目の美しさを手に入れたい、失いたくないのなら、やってみる価値はあります。

ホーソーンの洗顔

見目麗しい乙女なら、5月1日の明け方、ホーソーン（西洋サンザシ）の木の露で顔を洗うと、いつまでもその美しさを保つことができます。

レディスマントルの化粧水

レディスマントルの葉に溜まった朝露を集めて、化粧水に調合します。どんなに衰えた色香でも、回復させる力があると言われています。

勝負に勝ちたい

ここぞという勝負の時にも、ハーブはとても役に立ちます。

月桂樹の勝利通知

昔、戦いの勝利の知らせは月桂樹で包まれた手紙でした。待っている良い知らせを書き、封筒に月桂樹の枝を入れて、自分あてに投函しましょう。

フェンネルの勇気

フェンネルは勇気とスタミナを与えてくれるため、剣闘士たちは毎日食べたと言います。フレッシュでもシードでも、ここぞという時にフェンネルを食べます。

タイムのお風呂

タイムは昔から勇敢さのシンボルでした。ローマの兵士たちは好んでタイムの香り漂うお風呂に入りました。庭のタイムを摘んで、洗濯ネットなどに入れて入浴します。

金運アップ

金運を呼び寄せるためのおまじないです。

ライラックを育てる

ライラックの花を育てると金運が上がります。暑さに弱いので、関東以西では鉢植えで移動できるほうが良いかもしれません。枯れないように気を付けましょう。

クローブのサシェ

クローブを入れたサシェを作り、持ち歩きましょう。仕事を招き収入アップをもたらします。

無駄使いを抑える

パセリには、無駄遣いを減らしてくれる効果があると言われます。また豆類は、食べるとお金が貯まると言われています。この2つを摂れば、どんどん金運が上がっていくでしょう。

魔除け

ゾクゾクしたり、嫌な気配を感じたりする時に効果のある浄化方法です。

お香を焚く

古くから実践されてきた方法です。お香には、空気を浄める効果があります。仏壇用でも構いません。

ルーの葉で床を掃く

匂いに特徴のあるルーの葉を束ねて、家じゅうを掃きましょう。邪悪なものが逃げ出します。ちょっと匂いが残ります。

アンジェリカの魔除け

天使の名を持つアンジェリカを、家の周囲の四隅に撒いて嫌なものを追い払いましょう。

4つのハーブの魔除け

ディル、セントジョーンズワート、バーベイン、三つ葉を、同量ずつ合わせてぐつぐつ煮込みます。その液を玄関に撒けば、邪悪なものを寄せ付けません。

妖精を見たい

世界には様々な妖精がいます。どのような妖精が現れるか楽しみです。

クローバー

きれいな四つ葉のクローバーを見つけたら、頭の上にのせてみましょう。見えなかったからと言って、邪険に扱ってはいけません。クローバーの花言葉には、「復讐」もあるのです。ありがとうと言って、土に返しましょう。

一獲千金したい

日本でも言い伝えられる埋蔵金を見つけたいと願うなら。

シダの花の眼力

シダには不思議な魔力があります。リトアニアでは、草鞋にシダの花が引っかかると大地の下の埋蔵金を見つけることができるという話があります。埋蔵金を探しに森に入ったら、まずはシダの花を探してみましょう。シダは本来、花が咲きませんので、非常に稀なチャンスということでしょう。

不老長寿

古今東西、人の願いとして持ち続けられてきたことです。

菊の着せ綿

いつまでも若さと健康を保ちたかったら、重陽の前日9月8日に、菊の着せ綿をします。赤い菊には白、黄色い菊には赤、白い菊には黄色の綿を被せ、翌日、朝露を含んだ綿を顔や体に当てましょう。色の違う綿は市販されています。どれか1色でも構いません。

椿を育てる

永遠の命を手に入れた八百比丘尼《やおびくに》が、愛する人たちが一人残らずこの世を去った後、椿の杖をつきながら、日本中に椿を挿し木して歩いたという伝説があります。延命長寿を願うなら庭に1本育ててみてはいかがでしょう。

セージの守護

5月にコモンセージを食べると、長生きするという言い伝えがあります。古代ギリシャでは不死の薬と言われ、昔から長寿を叶える守護者とされてきました。ティー、料理、ワインに香りを移して、その恩恵を受けてください。

ローズマリーの箱

ローズマリーの木で作った箱の匂いを嗅ぐと、永遠の若さの秘密が明かされると言われます。どうやって明かされるかはその時のお楽しみです。

チャイナタウンのエリクサー（霊薬）

エリクサーとは、錬金術における不老不死の伝説の薬です。ニューヨークのチャイナタウンで、150年ほど前の瓶が発見されました。

材料　瓶（500㎖）／アロエ…13g／リンドウの根茎…2・3g／
ガジュツ…2・3g／ルバーブ…2・3g／サフラン…2・3g／

水…114㎖／ウォッカかジン…240㎖

作り方
①アロエを絞り、汁を取る。
②リンドウの根茎、ガジュツ、ルバーブ、サフランをすり潰し、アロエ汁と合わせる。
③瓶に入れ、時々振りながら3日置いて濾す。
④濾したものを1日に数滴飲む。

未来を占う

自分のこれからのことを知りたい時に、試してみましょう。

ワイルドパンジーのお告げ

自分で買ったか、貰ったパンジーの花弁の筋の数によって未来を占います。4本なら、願いが叶う。5本なら、困難に出会うが克服できる。6本なら、驚くことが起きる。7本なら、誠実な恋人ができる。8本なら、恋人に浮気をされる。9本なら、海を渡って結婚する。

第7章

薬草一覧

Herb

ハーブについて

ハーブには、西洋のものだけでなく、ヨモギやタンポポやドクダミなど、日本で古くから薬草として使われてきたものも多くあります。また、料理に使われるクローブや月桂樹などのスパイス類もハーブに含まれます。

イラクのシャニダール遺跡で発掘された大量の花粉からは、6万年も前からハーブが人の暮らしに関わっていたことがわかっています。長らくハーブは経験に基づいて利用されてきましたが、近代に入ってその効能が科学的に分析され、安心して使うことができる自然のパワーと考えられるようになりました。

ハーブは正しく使えば想像もしないほど沢山のものを与えてくれます。最初は1つのハーブからで構いません。必要に応じて手に入れていけば、自分だけの癒しの薬箱ができ上がります。家族や友達の元気がないような時には、温かなハーブティーや香りのオイルで癒しの手を差し伸べることができます。

ハーブの中でも常備しておくと便利なもの33種類をご紹介します。効能や使用法などを参考に、ハーブを様々な場面で活用してみてください。

◆エキナセア

Echinacea purpurea　キク科、多年草

使用部位　全草

特徴　北アメリカの先住民が、内用・外用の万能薬として用いていたハーブ。根の薬効が高い。茎や葉の部分のほうが薬効は下がるが手に入りやすい。

適応　ウィルス性の感染症やアレルギー症状の緩和。風邪の引き始め、花粉症など。

応用　【チンキ】風邪の時に小さじ1/2程度を水などで薄めて内服。喉の痛みにうがい。ケガの消毒。【ティー】自分自身の意思に強さを感じられない時。

注意　キク科アレルギー、長期服用

浸出液

ハーブティーと同じように効能を抽出したもの。外用などに、時間を長めにして抽出して使用する。

うがい

ハーブの浸出液やティーの残りを冷ましてうがいする。

◆エルダー

Sambucus nigra　スイカズラ科、木本

使用部位　花、葉

特徴　「田舎の薬箱」「庶民の薬箱」と呼ばれ、昔から民間で広く使われていたハーブ。

エルダーの枝で作った魔法の杖には、強大な力が宿ると言われている。

適応　インフルエンザや風邪、花粉症。

血液の循環を良くして発汗させる。

応用　【スチーム】浸出液でスチームをして花粉症対策。

【ティー】不安解消や、嫌な人に会ってしまって心がざわざわする時、背筋が寒くなるような感覚がよぎった時。

フルーティーな甘い香りが心をリラックスさせる。

注意　特になし

スチーム

精油２滴か、ハーブ大さじ２をティーバッグやだしパックなどに詰めたものを、洗面器に入れる。熱湯を注ぎ、洗面器の上を覆うように頭の上からバスタオルをかぶる。目を閉じて、ゆっくり吸入する。

浸出油

消毒した瓶に、ドライハーブを1/3ほど入れ、植物性キャリアオイル（ホホバ油、オリーブ油、スイートアーモンド油など）をハーブが完全に浸かるまで注ぐ。蓋をして２週間置き、濾して使用する。冷暗所で半年から１年保存可。

◆オオバコ

Plantago asiatica　オオバコ科、多年草

使用部位　全草

特徴　生薬名は全体では車前草《しゃぜんそう》、種子は車前子《しゃぜんし》。踏まれるほど、靴の裏に種をくっつけて繁殖していく強い植物。人の少ない場所で育つものやヘラオオバコは、株が大きく、葉が立ち上がっている。

適応　全草では、鎮咳、健胃、強壮。

応用　生葉を絞った汁は、希釈してうがい薬に。

【飾る】古くから癒し効果が高い植物とされ、疲れた時に切って部屋に飾る。

【ティー】心が折れそうな時、くじけそうな時。

注意　特になし

チンキ

消毒した瓶に、ドライハーブ 10ｇを入れ、ホワイトリカーかウォッカ（35 度以上の蒸留酒）100㎖を注ぐ。比率がハーブ 1、アルコール 10 が基本。蓋をしっかり閉めて、毎日振って、２週間したら濾して使用。料理や飲み物、手作り化粧水などに。冷暗所で２年ほど保存可。

ルームスプレー

50㎖のスプレー容器に、無水エタノール 10㎖（小さじ２）を入れ、精油を５滴加える。よく振って、精製水や芳香蒸留水を 40㎖加える。

◆カレンデュラ

Calendula officinalis　キク科、1・2年草

使用部位　花、葉

特徴　別名ポットマリーゴールド。仏花として用いられるキンセンカと同じ。古代よりインドで崇められ、寺院や仏像などに供えられる。西洋では古くから、惚れ薬や恋のおまじないに用いられてきた。
料理ではカスタードクリームや炊き込みご飯の色づけに。

適応　カロテノイドやフラボノイドを豊富に含み、傷ついた皮膚や粘膜を保護する。浸出油は切り傷や打撲、肌荒れに。
胃の炎症緩和、月経不順や月経前症候群。

応用　【洗眼】浸出液を冷やし、目を洗う。
【ティー】悲しみや嘆きを癒し、心を明るくさせたい時。

注意　キク科アレルギー、妊娠中

ハーブティー

ポットに、ティースプーン山盛り1杯のハーブを入れ、熱湯200㎖を注ぎ、2分程度浸出させる。詳細は、第4章のハーブティーの淹れ方を参照。

芳香浴

オイルウォーマーやアロマライト、ディフューザーなどに精油4～5滴を垂らして使用する。ティッシュに垂らして振るだけでも香る。

◆クローブ

Syzygium aromaticum　フトモモ科、木本《もくほん》

使用部位　開花直前の蕾

特徴　常緑樹「チョウジノキ」の開花直前の蕾。生薬名は釘のような形から丁子《ちょうじ》。
日本には奈良時代には伝わっており、古くから生薬として使われている。源氏物語の中に出てくる丁子染は、高貴な人たちが身に付けることのできる染物。

適応　消化促進、殺菌。
噛むとピリッとする精油成分オイゲノールに消毒や鎮痛作用があり、歯科で外用される。クローブのチンキは、うがい薬や歯痛の応急処置に役立つ。

応用　【チンキ】風邪の引き始めや喉の痛む時。歯痛。薄めて、うがいや口をゆすぐ。
【噛む】仏教の勤行《ごんぎょう》前に、消臭や精神集中のため噛む。眠

マッサージ

植物性キャリアオイル（ホホバ、オリーブ、スイートアーモンドなど）20㎖に精油２～４滴（濃度0.5～１％）を加える。

薬湯

ハーブを煮出したり、浸出させたものを浴槽に入れる。部分浴として、洗面器を使って、腰だけを浸ける座浴、手首までを浸ける手浴、足首までを浸ける足浴などがある。

気を覚ましたい時や集中したい時。

注意　多量摂取、乳幼児、妊娠中

◆月桂樹

Laurus nobilis　クスノキ科、高木

使用部位　葉、枝

特徴　ベイリーフ、ローリエ、ローレル。古くから聖なるハーブとして、宗教儀式に用いられた。勝者に与えられる冠の材料。栄光の象徴。料理の香り付けや臭み消しには、葉を折って使用すると効果的。

適応　防腐、防虫、健胃。

応用　【薬湯】煮出して浴槽に入れて入浴。神経痛に。

【ティー】精神集中できない時。折って香りを嗅ぐだけでも。

注意　特になし

◆コモンセージ

Salvia officinalis　シソ科、低木

使用部位　葉

特徴　古代から強力な魔力を持つと考えられていた。語源「salvare」はラテン語で「救い」の意味。

セージは薬用や観賞用でたくさんの種類があるが、料理やお茶に使用するのは主にコモンセージ。

セージの木が枯れると家長が病気になるなどの言い伝えがある。

適応　消化不良や風邪の初期、月経困難や更年期障害。女性ホルモン様の働きをする。

ロスマリン酸やカルノソールには抗酸化作用がある。

応用　【歯磨き粉】乾燥葉を粉状にして歯を磨くと、歯肉の強化に。

【浄化】悲しいことが起こった時、セージの葉を燃やして、場と心を浄める。

注意　妊娠中、乳幼児

◆コモンタイム

Thymus vulgaris　シソ科、低木

使用部位　地上部

特徴　古代ローマでは、勇敢な精神のシンボルとされ、兵士たちはタイムの香る風呂を愛した。蜜蜂が集まる蜜源植物のため、受粉を必要とする果実や野菜のそばに植える。家の中で育てるのは縁起が悪いと言われている。

適応　サポニン、タンニン、フラボノイドなどを含み、呼吸器系のトラブルに良い。強い殺菌作用から、魚や肉料理に欠かせない。

応用　【料理】ブーケガルニに加えると、素材の臭みを消して、良い風味を与える。

【眠り】いい夢を見たい時には、ハンカチに包んで、枕の下に置いて眠る。

注意　妊娠中、授乳中、長期飲用

◆サフラン

Crocus sativus　アヤメ科、多年草

使用部位　めしべ

特徴　日本には江戸時代の終わりにやってきたハーブ。生薬名は蕃紅花《ばんこうか》。パエリヤの色づけに使われる。めしべは一つの花から1本しか取れないため、高価。現在流通している大部分がイラン産のもの。

適応　漢方では、自律神経の乱れや女性特有の不調に用いられる。鮮やかな黄色はクロシンという成分で、記憶障害などに効果が期待できる。血管拡張作用、ホルモンバランスの乱れ、更年期症状、月経の乱れなどに。

応用　【料理】黄色い色素は水溶性なので、水に溶かして使用。
【ティー】仕事や家庭でイライラした時は、一人でゆっくりとティーの黄金色を見つめて。

注意　妊娠中

◆ジャーマンカモミール

Matricaria recutita　キク科、1年草

使用部位　花

特徴　薬用にはジャーマンカモミールとローマンカモミールがあり、日本ではジャーマンが一般的に使われる。大地のリンゴと呼ばれる甘い香りが特徴。ラテン語の「子宮」を語源にし、子宮に関するトラブルに役立つ。

適応　ドライのジャーマンカモミールには抗炎症成分であるアズレン誘導体（カマズレン）が含まれ、胃炎や胃潰瘍の炎症を鎮め、胃腸の粘膜を修復・強化する。鎮静、安眠にも。

応用　【ティー】数少ないミルクとの相性の良いハーブ。バニラもプラスしてスペシャルティーにすれば、甘い香りがいっそう気分を落ち着かせてくれる。

注意　妊娠中、キク科アレルギー

◆ジャスミン

Jasminum officinale　モクセイ科、蔓《つる》性

使用部位　花

特徴　優雅で高貴な香りから「香りの王様」と呼ばれる。ジャスミンティーに使われるのは茉莉花《まつりか》という種類のもの。精油は採れる量が少なく高価で、香りが強いため使用量は少なめにする。

適応　気持ちを高揚させ自信を回復させる効果が期待できる。

応用　【マッサージ】精油をオイルで希釈しマッサージに用いれば、心を明るくし、美肌効果も期待できる。

【ティー】失敗して怒られたりした後、委縮してしまった時などに。

注意　妊娠中、高濃度

◆ショウガ

Zingiber officinale　ショウガ科、多年草

使用部位　根茎

特徴　生薬名は生姜《しょうきょう》、乾燥したものは乾姜《かんきょう》。胃腸疾患や風邪薬の漢方薬の多くに含まれる。アジアでは生で利用することが多いが、世界ではドライでの使用も多く、お菓子やお茶の風味付けに使われる。

適応　体を温め、新陳代謝機能を高める。主成分のジンギベロールは血小板の凝集を妨げると言われる。
内服では乗り物酔い、腹痛、吐き気、食欲増進、冷え性、咳に。

応用　【薬湯】乾燥ジンジャーを入れた湯で、全身浴や部分浴。しもやけやリウマチなどに。
【ティー】やる気の出ない寒い朝には、生姜をたっぷり入れたミルクティーを。

注意　妊娠中、過度の摂取

◆スペアミント

Mentha spicata　シソ科、多年草

使用部位　地上部

特徴　ミントには数多くの種類があり、スペアミントは甘みがあって好まれやすい。ペパーミントは切れのある爽快感がある。ミントが香るカクテル「モヒート」にも。

適応　眠気を覚ましたい時、胃がすっきりしない時、乗り物酔い、風邪の引き始め。どのハーブにも合いやすく、ほんの少し加えてハーブブレンドのまとめ役に。

応用　【ティー】どんより淀んだ心と頭のリフレッシュ。
【芳香浴】停滞した状況で頭を悩ませることばかりで、すっきりしたい人に。

注意　特になし

◆セントジョーンズワート

Hypericum perforatum　オトギリソウ科、多年草

使用部位　地上部

特徴　洗礼者ヨハネの名を持ち、日本名は西洋オトギリソウ。古くから傷薬として使われてきた。心を明るくさせるため、別名サンシャインハーブと呼ばれる。

適応　学名にあるヒペリシンが脳に働きかけ、セロトニンの分泌を調整することで抗鬱作用が期待できる。月経痛や更年期症状、イライラなど。

応用　【浸出油】成分が抽出されたオイルは、傷や静脈瘤、神経痛のマッサージなどに。つけた後は日光に当たらないこと。

【ティー】眠る前のリラックスに、太陽のように明るい心になりたい時の助けになる。

注意　薬との相互作用（免疫抑制薬、強心薬、抗ＨＩＶ薬、抗血栓薬、その他、薬を服用中の場合は必ず医師に相談を）、妊娠中、子供、長期服用

◆ダンデライオン

Taraxacum officinale　キク科、多年草

使用部位　全草

特徴　西洋タンポポ。古くから民間薬として使われてきた日本タンポポは、西洋タンポポに押され、今では希少種。花の下の萼《がく》が反っていたら西洋タンポポ。反っていないものは日本タンポポ。

適応　強肝や緩下、催乳。

利尿作用や老廃物を流す作用が期待できる。根には、腸内環境を良好に保つイヌリンが含まれる。

応用　【料理】葉にはビタミンやミネラルが豊富に含まれており、生食も可。

【ティー】様々なものを溜め込んで、内側が滞っているように感じる時。

注意　胆道閉鎖、胆嚢炎、閉塞性イレウスには根部使用不可。子供の多量摂取

◆ディル

Anethum graveolens　セリ科、1年草

使用部位　全草、種子

特徴　太古から利用されてきた。西洋の魔女の箒に使われた言い伝えを持つ、羽のように軽やかな葉。神聖で魔除けの力を持つため、守護の薬作りに利用されてきた。

芳香を持つハーブは、魚との相性が良く、サーモンなどのマリネに欠かせない。ピクルスには葉と種子を風味付けに。

適応　全草に鎮静作用があり、胃の不快感、駆風作用も期待できる。

応用　【噛む】口臭には、種子を3～4粒ガムのように噛む。

【ティー】誰かに呪われているような気がする時に。

注意　特になし

◆ドクダミ

Houttuynia cordata　ドクダミ科、多年草

使用部位　全草

特徴　全草を乾燥した生薬名は十薬《じゅうやく》。十の効能を持つとされる（実際はもっと多くの効能がある）。アジアの一部では、生食できる匂いの柔らかなものもあるが、日本で自生しているものは、生食には向かない。てんぷらや炒め物にすれば匂いが減るが、冷めると再び匂う。

適応　生のドクダミには殺菌消炎作用。乾燥したものをお茶にして便秘、膀胱炎、利尿作用、風邪、神経痛、胃腸障害、皮膚病などに。

応用　【ティー】洗って陰干し乾燥したものを飲む。

【薬湯】乾燥させた葉を煮出して浴槽に入れる。全身浴をして、冷え性や美肌に。

注意　腎機能障害疾患、多量摂取で緩下

◆ネトル

Urtica dioica　イラクサ科、多年草

使用部位　葉

特徴　西洋イラクサ。うっかり棘に触れると、刺すような痛みを感じ、真っ赤に腫れる。イラクサは日本にも古くから自生し、縄文時代の紐から繊維が発見されている。市販のドライハーブは、触ってもチクチクしない。

適応　鉄分、カルシウム、マグネシウムを含む、造血作用が期待できる。ヒスタミンを含むので、花粉症などのアレルギー症状緩和。

応用　【料理】味噌汁などに入れて乾燥野菜のように使う。

【洗顔】吹き出物には濃く抽出した浸出液で洗顔やパック。

注意　妊娠中、長期服用、幼児の多量摂取

◆バジル

Ocimum basilicum　シソ科、1年草

使用部位　茎、葉

特徴　古代ギリシャ時代には香水としても使われていたアジア原産のハーブ。別名メボウキ。種子が水を含んでジェル状になったもので目のゴミを取ったことに由来。一般的に料理に使われるのはスイートバジルで、ジェノベーゼソースなどにされる。ホーリーバジルは、ヒンドゥー教における聖なる植物。

適応　ピリッとした香気で健胃、食欲増進、駆風。頭痛の改善、強壮。

応用　【うがい】ドライを煮出した浸出液でうがいをすると口内炎改善に効果が期待できる。

【ティー】嫌な思いをしたけれど、決して屈したくないという時に。

注意　妊娠中、小児

◆ヤロー

Achilea milleforium　キク科、多年草

使用部位　地上部

特徴　第一次世界大戦の頃までは、傷の手当てに用いられていた。また、体を温めて発汗させる効果が期待できる。神聖な力を持つとして、宗教儀式や魔除けなどにも使われてきた。

適応　風邪の初期や免疫力向上。無月経や月経痛。血行促進。消炎、抗菌作用があり、咳や日焼け肌の炎症に外用として用いることも可能。

応用　【薬湯】煮出した液で半身浴や座浴をすると、無月経や月経痛の緩和に。
【ティー】災難続きの時に、魔除けの力を期待して。

注意　キク科アレルギー、妊娠中、多量摂取

◆ユーカリ・グロブルス

Eucalyptus globulus　フトモモ科、高木

使用部位　葉、樹皮

特徴　コアラが食べることで有名。世界には６００種ほどが存在するが、毒を含む種類も多く、飲用には注意が必要。

オーストラリア先住民アボリジニは、感染症の予防や解熱に使用していた。咳が出る時にスチームをすると、刺激を感じることがある。

適応　空気を清浄化させる殺菌力。

インフルエンザや感染症予防。

応用　【スチーム】鼻詰まりやニキビに、ハーブや精油でスチームにする。

【ティー】咳は無く、喉の痛みがある時に。

注意　高血圧、癲癇症、幼児

◆ユキノシタ

Saxifraga stolonifera　ユキノシタ科、多年草

使用部位　地上部

特徴　北海道以外の日本中で見ることができる薬草。生薬名はその姿から虎耳草《こじそう》。ランナーで増えていくので育てやすい。葉はそのままてんぷらなどの食用可。お茶にすれば、むくみなどに効果が期待できる。

適応　抗菌、解熱、解毒。中耳炎、虫刺され、しもやけには、生の絞り汁で拭く。

応用　【チンキ】美白化粧品の原料とされ、チンキにして利用する。日本酒で作れるが、使用期限は半年ほど。

【外用】煮出したものをコットンに含ませて拭くと、痔の痛みが和らぐ。

注意　特になし

◆ヨモギ

Artemisia princeps　キク科、多年草

使用部位　地上部

特徴　春のヨモギ餅やお灸のもぐさの原料。生薬名は艾葉《がいよう》。草餅に使われる、完全に灰汁を抜いたものは薬効は期待できない。西洋でヨモギと呼ばれるワームウッドは、日本のヨモギとは違い、用法も異なる。同じように使わないよう注意が必要。

適応　胆汁分泌促進、便秘、下痢、高血圧、食欲増進、免疫力アップ、神経痛。生葉を揉んで貼るか搾り汁で、止血や虫刺されに。

応用　【薬湯】煮出して浴槽に入れた薬湯で全身浴すれば、温浴効果が高まる。【お守り】魔除け効果が高いため、乾燥させて袋に入れてお守り代わりに。

注意　キク科アレルギー

◆ラベンダー

Lavandula spp.　シソ科、低木

使用部位　地上部

特徴　暮らしの中で欠かすことができないハーブの代表格。食用としては扱いが難しい香りだが、少しお茶に加えるとアクセントになる。

適応　鎮静作用、抗菌作用、鎮痙作用。
頭痛、胃痛、月経痛の時はハーブとのブレンドで。

応用　【揉む】家庭や仕事で頭が痛いことばかり、という時は花部を指で揉み、香りを吸って深呼吸するだけでも手当てに。
【ティー】ラテン語の「洗う」を語源とするので、嫌な思いを洗い流したい時に。

注意　特になし

◆緑茶

Camellia sinensis　ツバキ科、低木

使用部位　葉

特徴　紀元前2千7百年の医学書『神農本草経《しんのうほんぞうきょう》』に記述されている。神農は効能を調べるために野草を食べて、毒にあたる度に茶葉を食べて毒を消していたと言われる。日本には空海や最澄が中国から持ち帰り、「養生の仙薬」として飲まれ続けている。効能を最大限に利用するには、茶葉ごと食べるのが理想的。

適応　カテキンによる免疫力のアップや、ポリフェノールによるコレステロールの低下。ダイエット、食中毒の予防。

応用　【うがい】フッソが含まれるので、お茶の残りでうがいすれば虫歯や口臭予防に。
【ティー】カフェインが含まれる、ハーブとの相性も良く、ブレンド基材として利用可。

注意　多量摂取

◆リンデン

Tilia × europaea　シナノキ科、高木

使用部位　花、苞葉《ほうよう》、木部

特徴　ヨーロッパの街路樹で見かける西洋菩提樹はシナノキ科で、ブッダが悟りを開いたクワ科のインド菩提樹は別のもの。大きな木でありながら繊細でやわらかい風味のハーブ。うっとりするような美しい金色に浸出されるため、見た目にも癒し効果がある。

適応　フラワー（花と苞葉が含まれる）は、鎮静作用や消化不良を改善させる。ウッド（木部）は、利尿作用や脂肪分解作用。フラワーはリラックス用、ウッドは排出用と覚える。

応用　【洗顔】残ったティーで洗顔をすると、美肌や乾燥対策に。
【ティー】肩ひじ張って頑張っている時、大きな何かに寄りかかりたい時に。

注意　特になし

◆レモングラス

Cymbopogon citratus　イネ科、多年草

使用部位　地上部

特徴　香気成分シトラールが、レモンの香りを漂わせる。寒さに弱く、夏に強い植物の特性と同じく、夏バテの際などに利用する。生のティーは、レモンの香りが強く、ドライにするとすっきりとした草の香りに。タイのスープトムヤムクンに欠かせない。

適応　脂肪分解作用や鎮静作用、過敏性腸症候群の緩和。リフレッシュ効果。虫よけ。

応用　【スプレー】精油で作ったスプレーは虫よけに。
【ティー】ストレスや緊張で凝り固まって、しなやかさを取り戻したい時に。

注意　妊娠中の多量摂取

◆レモンバーベナ

Lippia citriodora　クマツヅラ科、低木

使用部位　葉

特徴　仏語ではベルベーヌ。香水にも利用されている、爽やかなレモン系の香りが世界中で愛されているハーブ。ブレンドにこのハーブを加えると、まとまりやすく爽やかに仕上がる。

適応　神経鎮静作用や体をリラックスさせる効果で、頭痛や吐き気の緩和。消化促進、健胃。

応用　【食卓】生の葉を水に浮かべて、香るフィンガーボウルに。

【ティー】目から肩ががちがちに固まってしまった時や、上手にリラックスする方法がわからない人に。

注意　特になし

◆レモンバーム

Melissa officinalis　シソ科、多年草

使用部位　地上部

特徴　別名の「メリッサ」は蜜蜂を意味する。蜜源植物となるため、受粉を促したい植物のそばに植えられてきた。

名前の通り、ほのかなレモンの香りがする。乾燥させるとこの香りが飛んでしまうので、フレッシュティーに向く。育てやすいハーブの一つ。古くから不老長寿の薬として利用されてきた。

適応　風邪の引き始め、精神不安、胃の不調など。

香りは脳を活性化させると言われる。

応用　【料理】サラダやお菓子作りなどのアクセントに。

【ティー】試験勉強など緊張が続く日々や、寝つけない時、未来への不安がよぎった時にも。

注意　妊娠中の多量摂取

◆ローズ

Rosa spp.　バラ科、低木

使用部位　花

特徴　うっとりするような甘い香りが特徴。ハーブの女王、花界の女王と呼ばれる。

ハーブとして使われるのは、ダマスクローズ（*Rosa damascena*）やドッグローズ（*Rosa canina*）など、オールドローズに分類されるもの。北日本の海岸で見かけるハマナスの花もオールドローズの一種。お花屋さんで売られているバラは、食用には不可。

適応　落ち込んだ時、イライラする時、生理不順に。

強壮作用、収斂作用。

応用　【ティー】お腹の調子が悪い時にはちょっと濃い目に。

【薬湯】美しくなりたい時、好きな人ができた時に、精油を入れて入浴を。

注意　妊娠中の使用

◆ローズヒップ

Rosa canina　バラ科、低木

使用部位　実

特徴　ドッグローズの実。ビタミンCの爆弾とも言われ、ビタミンAからKまで網羅する実力の持ち主。お茶にした後の実をお菓子作りやジャム作りに再利用できる。ローズとローズヒップは、可能な限り無農薬のものを選ぶ。

適応　メラニン色素の生成に対抗して美肌が期待できる。
利尿、強壮、緩下、風邪の初期。

応用　【料理】ふやかしてミキサーにかけスープにすれば、効果的にビタミン補給ができる。
【ティー】お酒を飲みすぎた翌朝に。

注意　多量摂取による下痢

◆ローズマリー

Rosmarinus officinalis　シソ科、低木

使用部位　枝、葉

特徴　「海のしずく」を意味するラテン語が語源。イエスキリストの背より大きく育つことがない、という言い伝えを持つ。和名マンネンロウ。老化を防ぐ抗酸化作用が有名。ハーブティーや料理で内用に。化粧水や入浴、精油で外用にと大活躍のハーブ。

適応　強壮、健胃、収斂、殺菌、血行促進。
頭痛や風邪の初期にはハーブティー。チンキにして飲めば、強壮と血行促進。精油の香りで、脳の老化防止。

応用　【サシェ】乾燥させたものを袋に詰めて衣類と一緒にしまえば、防虫効果が期待できる。
【ティー】最近めっきり老け込んできた気がする時には、心身に喝を与える。

注意　妊娠中、多量摂取

◆ローゼル（ハイビスカス）

Hibiscus sabdariffa　アオイ科、1・2年草

使用部位　萼片《がくへん》、総苞片《そうほうへん》

特徴　お茶にすると特徴的な赤いアントシアニンの色が出る。南国で咲く観賞用のハイビスカスとは異なるアフリカ原産の植物。ビタミンCを多く含むため、酸味が苦手な人は少量から飲み始める。

適応　胃粘膜を修復、疲労回復効果。夏バテ。利尿。代謝促進。

風邪の引き始めには、濃く抽出して蜂蜜を加えて内側から温める。

応用　【チンキ】風邪の引き始めに、薄めて飲む。

【ティー】むくみがちな時や、どうにもエネルギーが湧いてこない時。

二日酔いにはローズヒップとブレンドした熱くて酸っぱいお茶を。

注意　妊娠中

おわりに

ハーブの資格を取るためにスクールに通っていた頃、実習で作った押し花ランプシェードに、我が家の猫が歩み寄り、灯りの熱によってかすかに香るハーブの香りをしきりに嗅いでいました。「ハーブと猫」いつも自分の身近にあるもの、その美しさに心を打たれました。今こうして、身近な自然を活かした暮らしを大切にしているのも、あの時の感動からだと思います。

世界には美しいものや場所がたくさんあり、華やかなものに目を奪われがちで、自分の足元にあるものには無頓着だったりします。でも、道端の雑草が、時に命を救う薬草となる力を秘めていることだってあるのです。

物事は、視点を変えるだけでガラッと変わってしまうことも多く、この本には、その手掛かりとなるような本当に小さなきっかけをたくさん載せました。ハーブなどの植物、太陽や月の光、身の回りにある自然がどれだけ夢があって素晴らしいものか、少しでも多くの方に、感じていただければ幸いです。

本書の出版にあたりましては、多くの方々にご協力をいただきました。ＢＡＢジャパンの皆様、中でも、迷う私に叱咤激励しアドバイスをくださった木村様に深く御礼を申し上げます。

執筆に夢中になり、度々ごはんの時間が遅くなり迷惑をかけた、我が家の猫たちにも深く感謝を捧げます。

最後になりましたが、この本を手に取ってくださった皆様に、心より御礼を申し上げます。

２０１７年６月９日　瀧口律子

著者・瀧口 律子（たきぐち りつこ）

ハーバル・クリエイター。薬草魔女養成塾主宰。

ハーブを通して、自然と生き物を敬いながら毎日を大切に暮らすことを伝える活動を続ける。ハーブブレンド商品開発に携わる他、薬日本堂漢方スクール講師、さいたま市プラザノース「ハーブ入門」講師も務める。

ＮＰＯジャパンハーブソサエティー認定上級インストラクター。薬日本堂漢方アドバイザー。sofa ベジマイスター。

＜幸草哲学＞ http://kousoutetsugaku.net/

装丁デザイン：中野岳人
イラスト：小田嶋早世
本文デザイン：澤川美代子

ミックス
責任ある木質資源を使用した紙
FSC® C006469
www.fsc.org

月と太陽、星のリズムで暮らす
薬草魔女のレシピ 365 日

2017 年 7 月 30 日　初版第 1 刷発行
2023 年 2 月 15 日　初版第 3 刷発行

著者
瀧口律子

発行者
東口敏郎

発行所
株式会社 BAB ジャパン
〒 151-0073　東京都渋谷区笹塚 1-30-11 中村ビル
TEL 03-3469-0135
FAX 03-3469-0162
URL http://www.therapylife.jp
E-mail: shop@bab.co.jp

郵便振替
00140-7-116767

印刷・製本
大日本印刷株式会社

ISBN978-4-8142-0068-9　C2077

BOOK Collection

フラワーエッセンスの創始者の代表著作・論文・書簡を初めて一挙公開!

エドワード・バッチ著作集

フラワーエッセンスの偉大なる創始者、エドワード・バッチ博士は、自分の書いたものはほとんど破棄していたため、著作は多く残っていません。本書はその中から主な講演記録や著作物を集めた貴重な専門書です。フラワーエッセンス愛好者やセラピスト必携の一冊です !!

●エドワード・バッチ 著／ジュリアン・バーナード 編／谷口みよ子 訳
●A5判 ●340頁 ●本体2,500円+税

その症状を改善する

アロマとハーブの処方箋

精油とハーブを、マッサージで！お茶で！ディフューズで！さらにさまざまな香りのクラフトで！あなたの身体を、心を、美容を、生活を、素敵に変えていきましょう！連載で人気を博した、体の不調から美容、子どもと楽しむクラフトなどのレシピに加え、本書ではハーブの薬効を活かしたアルコール漬け、チンキもご紹介 !! 精油とハーブの特徴を知りぬいた著者ならではの、ほかでは見られないレシピが満載です。

●川西加恵 著 ● A5 判 ● 264 頁 ●本体 1,700 円+税

予約のとれないサロンの

とっておき精油とハーブ　秘密のレシピ

こんなに使えるアロマとハーブのレシピ集は今までなかった！精油やハーブの組み合わせを変えて作れる用途に応じた豊富なバリエーション !! 妊娠中、乳幼児、幼児向けの配合も掲載。精油とハーブ使いの初心者からプロまで、この一冊があなたのハーバル・アロマライフを豊かにしてくれます！

●川西加恵 著 ● A5 判 ● 162 頁 ●本体 1,500 円+税

占星術を学び、植物の自然療法に活かすための教科書

西洋占星術とアロマ療法　星のアロマセラピー

ホリスティックに星を読み、精油の処方箋を導きだす――「ホロスコープの解読は難しい……」そういう方にこそ、本書をおすすめ!からまった糸がほぐれるように、ホロスコープの見方、解読の仕方が理解できます。星の配置が、あなただけの癒やしの香りを教えてくれます。シンプルでわかりやすい解説ーーサロンメニューにも取り入れられます!

●登石麻恭子 著 ● A5 判 ● 288 頁 ●本体 2,000 円+税

精油からの素晴らしいメッセージを受け取ってください

スピリチュアルアロマテラピー入門

今の自分に必要な何かが見えてきます。36 種類のアロマカード付き！本書に綴じ込まれた、36 種類のアロマカードから1枚選びます。カードのメッセージと本書を読み、カードで選ばれた精油の香りを嗅ぐことで、今の自分に必要な何かが見えてきます。アロマを活用した「自分探しと、癒しの書籍」です。

●吉田節子 著 ● A5 判 ● 178 頁 ●本体 1,800 円+税